农村劳动力转移技能培训丛书

架子工必读

农业部农民科技教育培训中心　组编

U0958769

编辑委员会

中国社会出版社

图书在版编目(CIP)数据

架子工必读/农业部农民科技教育培训中心组编.—北京:中国社会出版社,2007.10

(农村劳动力转移职业技能培训)

ISBN 978-7-5087-1974-0

Ⅰ.架…　Ⅱ.农…　Ⅲ.脚手架—工程施工—基本知识
Ⅳ.TU731.2

中国版本图书馆 CIP 数据核字(2007)第 157454 号

书　　名:架子工必读
组　　编: 农业部农民科技教育培训中心组编
责任编辑: 牟　洁

出版发行: 中国社会出版社　邮政编码:100032
通联方法: 北京市西城区二龙路甲 33 号新龙大厦
电话:(010)66080300　　电传:(010)66051713
邮购部:(010)66060275
经　　销: 各地新华书店

印刷装订: 北京市优美印刷有限责任公司
开　　本: 140mm×203mm　1/32
印　　张: 2.875
字　　数: 45 千字
版　　次: 2008 年 1 月第 1 版
印　　次: 2014 年 8 月第 4 次印刷
定　　价: 8.00 元

出版前言

根据党中央、国务院关于“培养推进社会主义新农村建设的新型农民，大规模开展农村劳动力技能培训”等要求，农业部农民科技教育培训中心组编了这套农村劳动力转移技能培训丛书。

该套丛书具有较强的实用性，在组编过程中，侧重于职业素质与操作基本技能，力求做到让广大农民朋友“看得懂、用得上”，并在较短时间内初步了解职业特点，为进一步全面、系统、专业地学习职业技能打下良好的基础。

目　录

第一章　建筑识图与房屋构造

第一节　建筑识图的基本知识

一、投影及投影分类

在日常生活中，我们经常看到影子这个自然现象。在光线（阳光或灯光）的照射下，物体就会在地面或墙面上投下影子。这些影子在某种程度上能够显示物体的形状和大小。如图1—1为物体模型在正午的阳光照射下在地面留下的影子，人们对这种自然现象的影子，进行科学的抽象：假设光线能够透过形体而将形体上的点和线都在平面H上投落它们的影，这些点和线的影将组成一个能够反映出形体形状的图形，如图1—1，这个图形

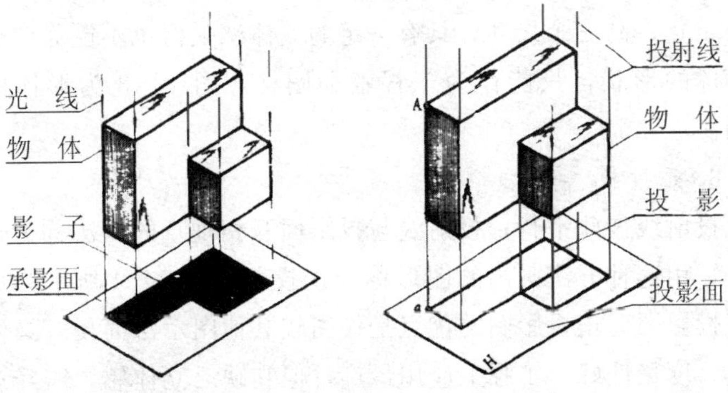

(a) 影子　　(b) 投影

图1—1　影子与投影

通常称为形体的投影。

这种对物体进行投影在投影面上产生图像的方法称为投影法。工程上常用各种投影法来绘制图样。

二、工程上常用的三种图示法

用图示法表达建筑形体时，由于表达目的和被表达对象特性的不同，往往需要采用不同的图示方法。常用的图示法有透视投影法、轴测投影法、正投影法。

1. 透视投影

图1—2是按中心投影法画出的形体的透视投影图，简称透视图。透视图与照相原理相似，相当于将相机放在投影中心所拍的照片一样，显得十分逼真，直观性很强，其图样常用作建筑设计方案比较、展览。但绘制较繁，且建筑物各部分的确切形状和大小不能直接在图中度量。

2. 轴测投影

轴测投影是一种平行投影，它是把形体按平行投影法并选择适宜的方向投影到一个投影面上，能在一个投影面上反映出形体的长、宽、高三个尺寸，具有一定的立体感，但也不能完整地表达物体的形状，只能作为工程辅助图样，图1—3为形体的轴测图。

3. 正投影

投射线彼此平行；投射线与投影面互相垂直的画法称为正投影法，用这种方法画出的图形称为正投影。图1—4所示为形体的正投影图。正投影图的优点是作图较其他图示法简便，又便于度量、度量性好，工程上应用最广，但它缺乏立体感，需经过一定的训练才能看懂。

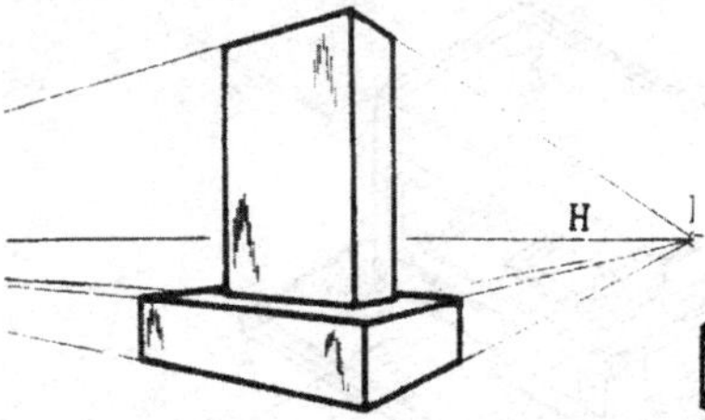

图 1—2 形体的透视图

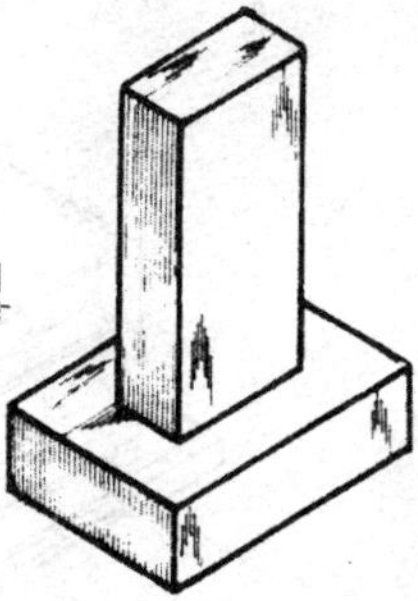

图 1—3 形体的轴测投影图

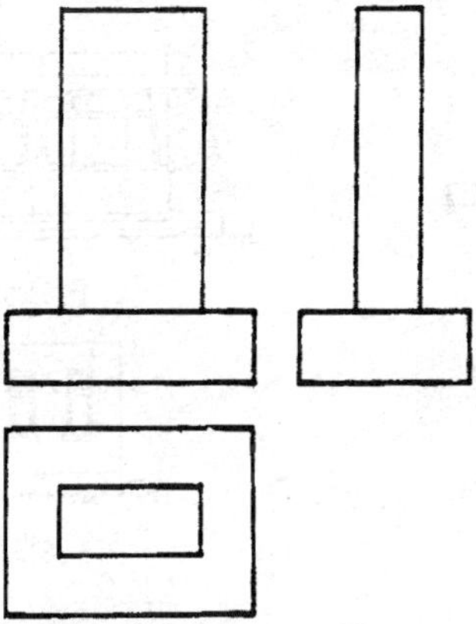

图 1—4 形体的正投影图

三、立面图

一幢房子坐北朝南，我们站在正南面（图 1—5），把看到的房子的形状画下来（好比拍照片），得到的就是房子的南立面图。再分别从北、东、西三个方向观察，可依次画出北立面、东立面和西立面图（图 1—6）。

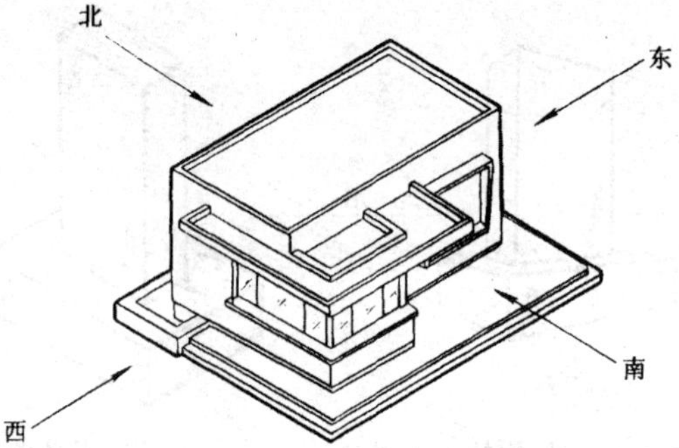

图 1－5　画立面图的观察方向

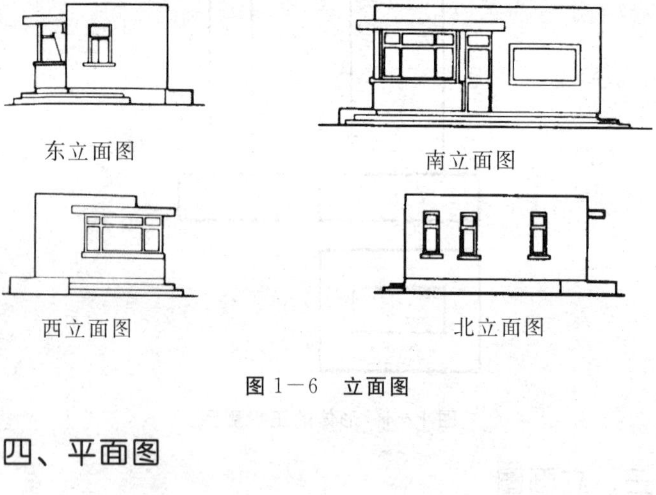

图 1－6　立面图

四、平面图

为了看清房屋内部的一些情况，设想用一个水平的平面，沿窗台上方将房屋剖开，移去上面的这部分（图 1－7），再把从上往下看到的形状画下来就是剖面图，但在建筑图中，习惯把这种水平方向的剖面图称为平面图（图 1－8）。如果从房子的上方往下看，画下的是屋顶平面图（图 1－9）。

从平面图中可看到房屋内部房间的分隔、各房间的形状和大小，房间门窗的数量、位置和大小，墙身的厚度及内部设施的位置等。

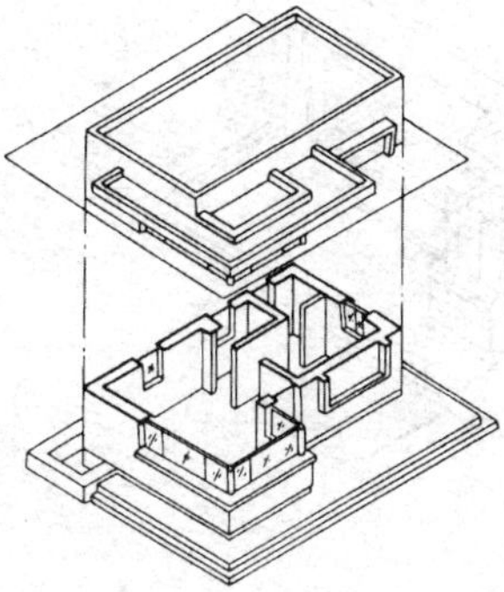

图 1—7 平面图的形成

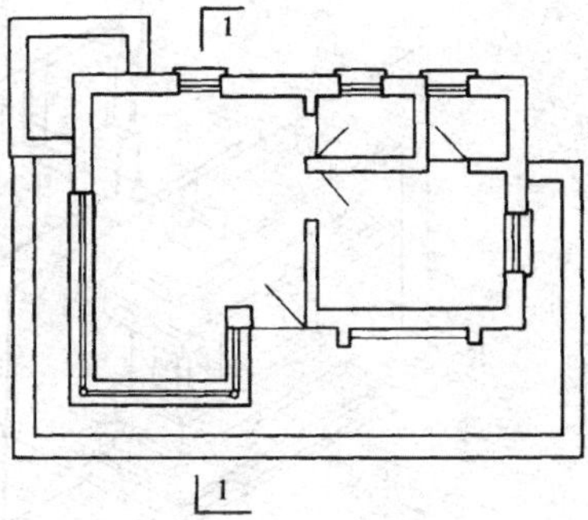

图 1—8 平面图

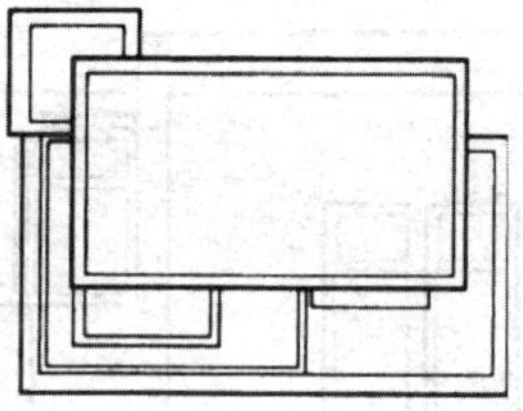

图 1—9 屋顶平面图

五、剖面图

假想用一竖向剖切面在图 1—8 平面图中 1—1 所示位置将房屋切开，移去房屋的左部分（图 1—10），再从左往右观察，把看到的情况画下来就是剖面图（图 1—11）。在剖面图中可看出屋顶、雨篷、门窗、台阶的高度和形状。

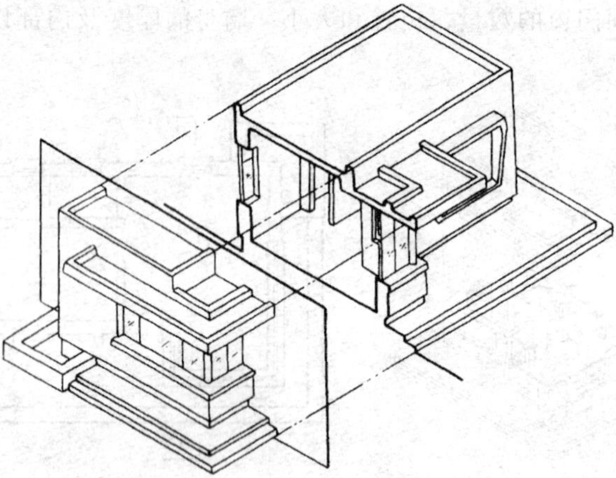

图 1—10　剖面图的形成

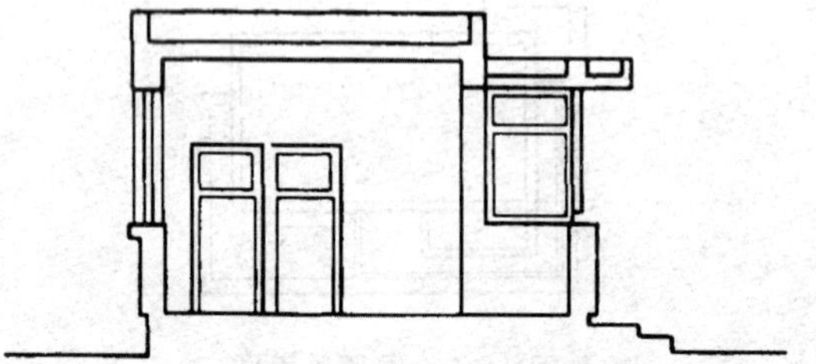

图 1—11　剖面图

第二节　常用图例

施工图就是在建筑工程中一种能十分准确的表达出建筑物的外形轮廓，大小尺寸，结构构造和材料做法的图样。一套完整的施工图包括建筑、结构、水电、暖通等。

一、施工图的内容

1. 建筑总平面图：主要说明拟建建筑物所在的地理位置和周围环境的平面布置图。一般在图上应标出新建筑物的平面形状、层数、绝对标高，建筑物周围的地貌以及旧建筑平面形状，新旧建筑的相对位置，建成后的道路、水源、电源、下水道干线的位置、地形等高线等。

2. 建筑施工图：建筑施工图是说明房屋建筑各层平面布置、立面、剖面形式、建筑各部构造及构造详图的图纸。建筑施工图包括设计说明、各层平面图、各立面图、剖面图、构造详图、材料做法说明等。

3. 结构施工图：结构施工图是说明房屋的结构构造类型、结构平面布置、构件尺寸、材料和施工要求等。结构施工图包括基础平面图和基础详图、各层结构平面布置图、结构构造详图、构件图等。

4. 暖卫施工图：暖卫施工图是一栋房屋建筑中卫生设备、给排水管道、暖气、煤气管道、通风管道等布置和构造图。暖卫施工图主要有平面布置图、轴测图、构造详图等。

5. 电气设备施工图：电气设备施工图是房屋建筑内部电气线路的走向和电气设备的施工图纸，它有平面布置图、系统图、详图等。

二、常用图例

施工图的画法主要是根据正投影原理和建筑制图标准（GB/T50104—2001）以及建筑、结构、水电、设备等设计规范中有关规定而绘制成的。施工图中采用了很多图例与符号，使各类构造和材料的绘制得到了简化，熟悉常用建筑材料图例及常用构件代号，对正确、快速的识图非常有益，我们应很好的熟悉与掌握。

表1—1　为常用建筑材料图例。

表1—1　常用建筑材料图例

序号	名　　称	图　　例	备　　注
1	自然土壤		包括各种自然土壤
2	夯实土壤		
3	砂、灰土		靠近轮廓线绘较密的点
4	砂砾石、碎砖三合土	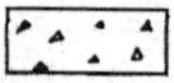	
5	石材	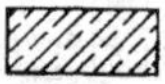	
6	毛石		
7	普通砖	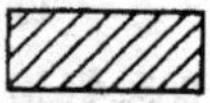	包括实心砖、多孔砖、砌块等砌体。断面较窄不易绘出图例线时，可涂红
8	耐火砖		包括耐酸砖等砌体
9	空心砖		指非承重砖砌体
10	饰面砖		包括铺地砖、马赛克、陶瓷锦砖、人造大理石等
11	焦渣、矿渣		包括与水泥、石灰等混合而成的材料

续表

序号	名　称	图　例	备　注
12	混凝土	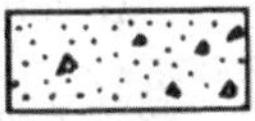	1. 本图例指能承重的混凝土及钢筋混凝土 2. 包括各种强度等级、骨料、添加剂的混凝土 3. 在剖面图上画出钢筋时，不画图例线 4. 断面图形小，不易画出图例线时，可涂黑
13	钢筋混凝土	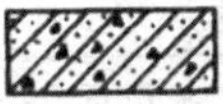	
14	多孔材料		包括水泥珍珠岩、沥青珍珠岩、泡沫混凝土、非承重加气混凝土、软土、蛭石制品等
15	纤维材料		包括矿棉、岩棉、玻璃棉、麻丝、木丝板、纤维板等
16	泡沫塑料材料	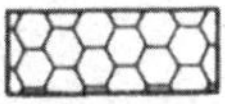	包括聚苯乙烯、聚乙烯、聚氨酯等多孔聚合物类材料
17	木材		1. 上图为横断面．上左图为垫木、木砖或木龙骨 2. 下图为纵断面
18	胶合板		应注明为几层胶合板
19	石膏板		包括圆孔、方孔石膏板、防水石膏板等
20	金属		1. 包括各种金属 2. 图形小时，可涂黑
21	网状材料		1. 包括金属、塑料网状材料 2. 应注明具体材料名称

续表

序号	名　称	图　例	备　注
22	液体		应注明具体液体名称
23	玻璃		包括平板玻璃、磨砂玻璃、夹丝玻璃、钢化玻璃、中空玻璃、加层玻璃、镀膜玻璃等
24	橡胶		
25	塑料		包括各种软、硬塑料及有机玻璃等
26	防水材料		构造层次多或比例大时，采用上面图例
27	粉刷		本图例采用较稀的点

注：序号 1、2、5、7、8、13、14、20、24、25 图例中的斜线、短斜线、交叉斜线等一律为 45°。

表 1－2　为总平面图图例。

表 1－2　总平面图例

序号	名　称	图　例	备　注
1	新建建筑物		1. 需要时，可用▲表示出入口，可在图形内右上角用点数或数字表示层数 2. 建筑物外形（一般以±0.000高度处的外墙定位轴线或外墙面线为准）用粗实线表示。需要时，地面以上，建筑用中粗实线表示，地面以下建筑用细虚线表示

续表

序号	名　　称	图　　例	备　　注
2	原有建筑物		用细实线表示
3	计划扩建的预留地或建筑物		用中粗虚线表示
4	拆除的建筑物		用细实线表示
5	建筑物下面的通道	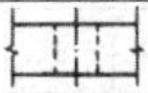	
6	散状材料露天堆场		
7	其他材料露天堆场或露天作业场	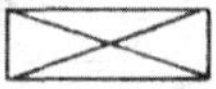	需要时可注明材料名称
8	铺砌场地	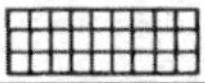	
9	敞棚或敞廊	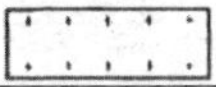	
10	高架式料仓	 	
11	漏斗式贮仓		左、右图为底卸式 中图为侧卸式
12	冷却塔（池）	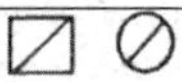	应注明冷却塔或冷却池
13	水塔、贮罐	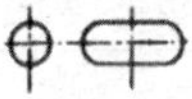	左图为水塔或立式贮罐，右图为卧式贮罐
14	水池、坑槽		也可以不涂黑
15	斜井或平洞	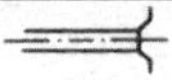	
16	烟囱		实线为烟囱下部直径，虚线为基础，必要时可注写烟囱高度和上、下口直径

表1—3为常用构件代号。

表1—3 常用构件代号

序号	名　称	代号	序号	名　称	代号
1	板	B	21	联系梁	LL
2	屋面板	WB	22	基础梁	JL
3	空心板	KB	23	楼梯梁	TL
4	槽形板	CB	24	框架梁	KL
5	折板	ZB	25	框支梁	KZL
6	密肋板	MB	26	屋面框架梁	WKL
7	楼梯板	TB	27	檩条	LT
8	盖板或沟盖板	GB	28	屋架	WJ
9	挡雨板或檐口板	YB	29	托架	TJ
10	吊车安全走道板	DB	30	天窗架	CJ
11	墙板	QB	31	框架	KJ
12	天沟板	TGB	32	刚架	GI
13	梁	L	33	支架	ZJ
14	屋面梁	WL	34	柱	Z
15	吊车梁	DL	35	框架柱	KZ
16	单轨吊车梁	DDL	36	构造柱	GZ
17	轨道连接	DGL	37	承台	CT
18	车挡	CD	38	设备基础	SJ
19	圈梁	QL	39	桩	ZH
20	过梁	GL	40	挡土墙	DQ

续表

序号	名　称	代号	序号	名　称	代号
41	地沟	DG	48	梁垫	LD
42	柱间支撑	ZC	49	预埋件	M
43	垂直支撑	CC	50	天窗端壁	TD
44	水平支撑	SC	51	钢筋网	W
45	梯	T	52	钢筋骨架	G
46	雨棚	YP	53	基础	J
47	阳台	YT	54	暗柱	AZ

第三节　施工图的识读

一、读图的方法

当我们拿到一套施工图，必须认真研究读图的方法，一般是：先粗后细，从大到小，建筑结构，相互对照。

同时，看图还必须掌握扎实的基本功，即掌握正投影的原理，熟悉构造知识和施工方法，了解结构的基本概念，才能正确读图。

二、读图的步骤

1. 清理图纸：当我们拿到一套图后，首先工作是认真清理图纸，其方法是根据图纸目录清查总共多少张，各类图纸分别为多少张，有无残缺或模糊不清的，应及时查明原因补齐图纸。涉及本工程有哪些标准构件图和配件图，是否齐全应及时配齐，供看图时查阅。

2. 粗看一遍：认真清理图纸后，可先粗略的看一遍，一般按图纸目录的先后次序，依次进行阅读，其目的是对本工程建立一个基本概念，了解工程的概况。本工程修建地点，建筑物周围地形，地貌和相互关系，建筑形式，建筑面积，层数，结构情况，建筑的主要特点和关键部位，应在思想上建立一般工程的基本形象。

3. 对照阅读：当对本工程已有基本了解之后，可以进行深入细致的阅读，一般是先看建筑施工图，然后是结构施工图，再看水、电、暖通等施工图纸。阅读中特别注意对照阅读，找出规律，如平面图与立面图，平面图与剖面图对照起来，整体和详图对照起来，图形和文字说明对照起来，建筑和结构对照起来等等。只有通过反复对照比较，才能深入找出问题和矛盾，以及还不理解的东西。看图中还应记忆重要的构造和尺寸，如开间、进深、轴线、层高等，看图中还可多与有关技术人员研究和分析。

4. 随看随记：在读图的整个过程中，应认真作好记录，也可用铅笔在图上打上记号，以便汇总。

三、阅读建筑施工图的方法

1. 看图名、比例、指北针和轴线编号。

2. 看外形、内部构造和结构形式，明确散水、雨水管、门窗、屋檐、台阶、阳台、烟囱等的形状及位置。

3. 看平面尺寸、标高及坡度。

4. 看剖切符号，明确剖切位置、形式。

5. 看索引符号。

四、阅读结构施工图的方法

1. 首先要查看说明，施工要求等。

2. 了解各种构件的代号及表示方法。

3. 查对楼层结构平面布置图与建筑平面图的关系是否正确，表示是否一致。

4. 看楼板的种类、型号、块数、梁的型号、位置及数量。

5. 查看板与墙的关系。

6. 查看各断面剖切位置与各断面图是否相符。

第四节　房屋构造

一、建筑物

建筑物是指供人们生活、学习、工作、居住以及从事生产和文化活动的房屋。建筑物按用途可分为工业建筑、民用建筑。

工业建筑是指工业厂房、生产及辅助车间、产品仓库等（图1—12）。

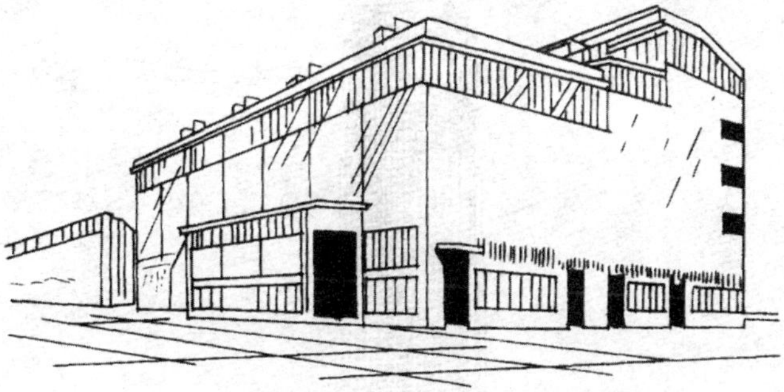

图 1—12　工业建筑

民用建筑包括居住建筑（住宅、宿舍、公寓等）和公共建筑（办公楼、学校、旅社、影剧院、医院、体育馆、商场等）（图1—13）是供人们进行政治、经济、文化、科学技术交流活动等使用的建筑物。

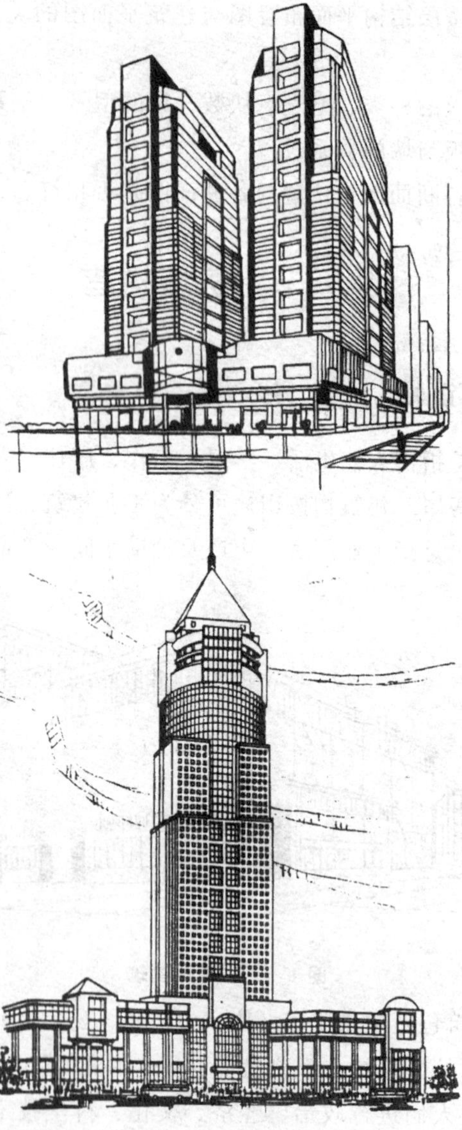

图 1—13　民用建筑

二、民用建筑构造

各种民用建筑，尽管它们在使用要求、规模大小、外表形状、构造方式等方面分别有着各自的特点，但建筑物的构成一般都是由基础、墙（或柱、梁）、楼（地）面、楼梯、屋顶和门窗六部分组成（图 1－14）。

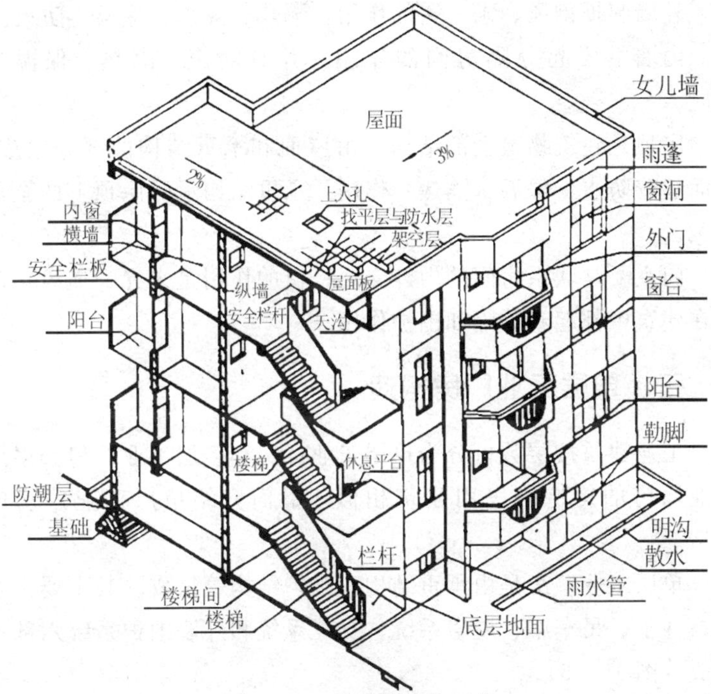

图 1－14　房屋的构造组成

基础是建筑物的最下面部分，埋在自然地面以下，它起着支撑建筑物的作用，将建筑物的全部荷载传递给地基。因此要求它坚固、稳定、持久。

楼板层将建筑物分隔成若干层，并且除了将楼板上的各种荷载传达到墙上或梁上外，还对墙体起水平支撑作用。楼板应具有足够的强度、刚度和良好的隔热性能。

地面位于建筑物的底层，它直接将底层房间的荷载传递到地基。

楼梯是建筑物各楼层之间上下的交通设施。供人们上下楼层和紧急疏散用。

外墙起抵御风、雨、雪的作用，隔热、隔声、保温、防火。

内墙主要起分隔房间的作用，并有隔声、隔热、保温等性能。

屋顶是建筑物最上部结构，由屋面和承重结构两部分组成，屋面起着防水、保温（隔热）作用，承重结构承受屋顶上的全部荷载。

门主要是联系房间的内外交通；窗的作用是采光、通风；门窗在建筑中都起着分隔和围护作用。

三、单层工业厂房构造

工业建筑按层数可分为单层工业厂房和多层工业厂房。多层工业厂房的构造与民用建筑相似，下面介绍单层工业厂房的构造。

单层工业厂房是由承重结构和维护结构等组成。其主要由基础、柱子、吊车梁、屋盖系统、支撑系统和外墙围护系统六部分组成（图 1－15）。

独立基础承担作用在柱子上的全部荷载，以及基础梁上部分墙体荷载，并传递给地基。

柱子承受着屋盖、吊车梁、墙体上的荷载。山墙上的风荷载通过抗风柱的顶端传给屋架，再由屋架分别传给柱子。

支撑系统包括柱间支撑和屋架支撑两部分，其作用是加强厂

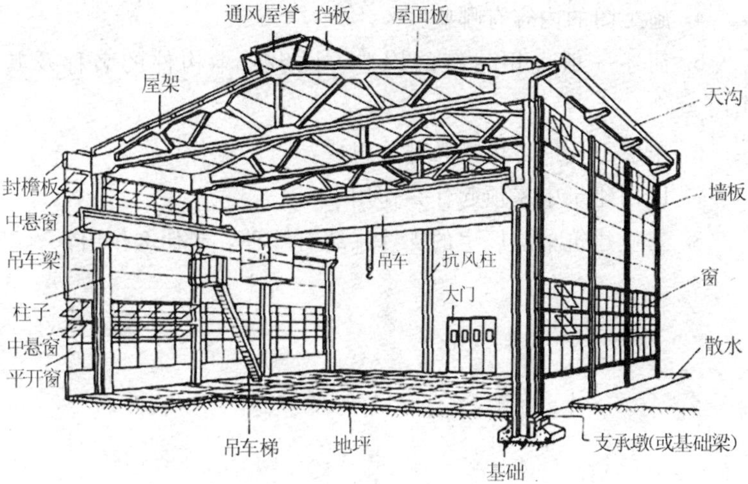

图 1—15 单层工业厂房

房结构的整体刚度和稳定。

吊车梁安放在柱子伸出的牛腿上，它承受吊车自重、起吊重量以及吊车刹车时产生的纵横向水平冲力，并将这些荷载传给柱子。

屋盖结构包括屋面板、屋架（或屋面梁）及天窗架、托架等。屋架是屋盖结构中主要承重构件。它搁置在柱子上。

外墙围护系统包括厂房四周的外墙，抗风柱、墙梁和基础梁。

思 考 题

1. 什么是工程上常用的三种图示法？
2. 什么叫平面图？简述平面图的形成原理。
3. 如何阅读建筑施工图？读图的步骤和方法有哪些？

4. 施工图的内容有哪些?

5. 简述一般民用建筑的构造、说出基本构件的名称及其作用。

6. 单层工业厂房由哪几部分组成?

7. 民用建筑中屋顶起什么作用?

8. 工业建筑单层厂房的支撑系统有几种，起什么作用?

第二章　建筑脚手架基本知识

第一节　脚手架的分类

脚手架是建筑施工中不可缺少的空中作业工具，无论结构施工还是室外装饰施工，以及设备安装都需要根据操作要求搭设脚手架。

利用脚手架可以使施工作业人员在不同部位进行操作，可以堆放及运输一定数量的建筑材料，同时保证施工作业人员在高空操作时的安全。

常用建筑脚手架的分类有如下几种：

一、按用途分类

结构脚手架用于砌筑和结构工程施工作业的脚手架；

装饰脚手架用于装饰工程施工的脚手架；

修缮脚手架用于修缮工程施工的脚手架；

支撑脚手架用于支撑模板等而搭设的架子。

二、按搭设位置分类

外脚手架是搭设在建筑物外围的架子；

里脚手架是搭设在建筑物内部楼层上的架子。

三、按使用材料分类

有木脚手架、竹脚手架和金属脚手架

四、按构造形式分类

有落地式脚手架和升降式脚手架。其中落地式脚手架分为门式、扣件式和碗扣式脚手架；升降式脚手架分为桥式、挂式、吊篮式和挑出式脚手架。

第二节　脚手架常用工具、吊具和索具

一、常用工具

脚手架搭拆过程中常用的工具有以下几种：

1. 钎子：搭拆脚手架时拧紧铁丝用。在手柄上附带有槽孔和栓孔的钎子，还可以用来拔钉子及紧螺栓，如图 2－1 所示。

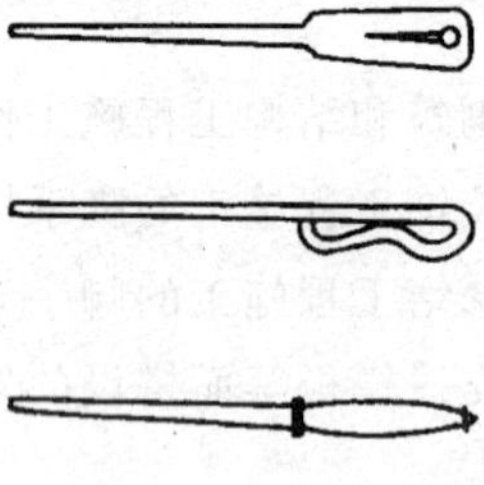

图 2－1　钎子

2. 扳子：扳子有活扳子、棘轮扳子等，用于搭设扣件式钢管脚手架时紧螺栓。

3. 铁丝钳、铁丝剪、斩斧用于断铁丝和火烧丝。

4. 捅锹：挖脚手架立柱坑用。

二、吊具

吊具包括吊钩、套环（三角圈）、卡环（卸甲）、钢丝绳夹头、横吊梁等，是吊装时的重要工具。

1. 吊钩：吊钩是起重装置钩挂重物的吊具。吊钩有单钩、双钩两种形式，如图 2—2 所示。钩挂重物在 80t 以下时常使用单钩（图 2—2a）；钩挂 80t 以上重物时使用双钩（图 2—2b）。

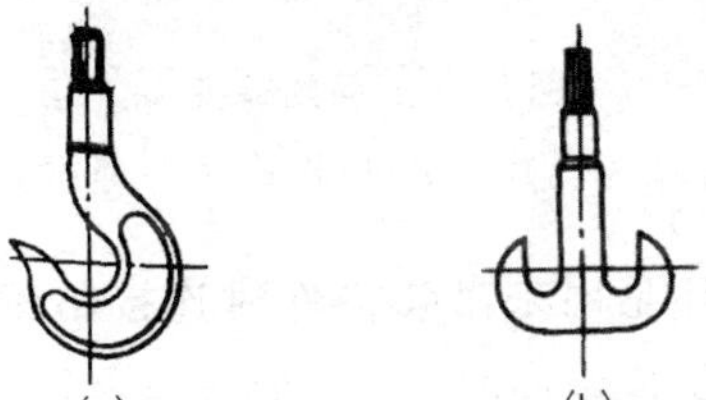

图 2—2　吊钩

（a）单钩（b）双钩

吊钩应表面光滑，不得有剥痕、刻痕、锐角、裂缝等缺陷，不准对磨损或有裂缝的吊钩进行补焊修理后继续使用。吊钩在钩挂吊索时，要注意将吊索挂到钩底。吊钩上的防脱钩装置应安全可靠。直接用吊钩钩挂重物时，不准使吊钩硬别或歪扭，以免吊钩产生变形或被拉直而脱钩。

2. 套环：套环装置在钢丝绳的端头，使钢丝绳在弯曲处呈弧形，不易折断，如图 2—3 所示。

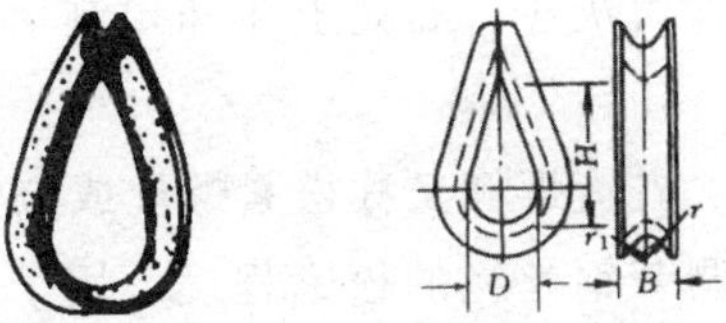

图 2—3　套环

3. 钢丝绳夹头：钢丝绳卡扣连接一般用钢丝绳夹头固定，连接方法有骑马式、压板式和拳握式三种（图 2－4），其中骑马式连接力最强，应用最广。

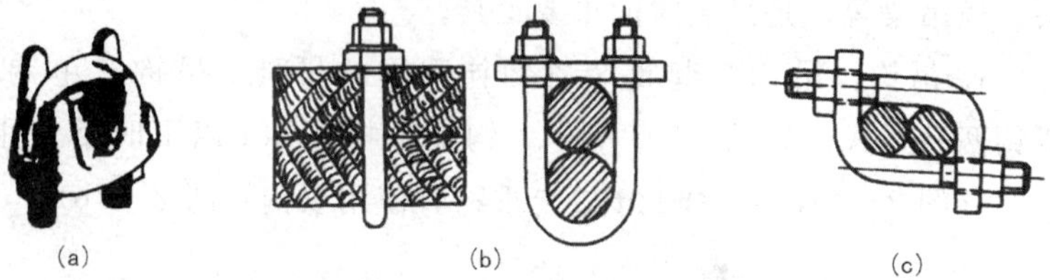

图 2－4 钢丝绳夹头

(a) 骑马式 (b) 压板式 (c) 拳握式

4. 卡环：卡环是用来吊装构件时连接吊索的，由一个止动销和一个 U 形环组成，如图 2－5 所示。

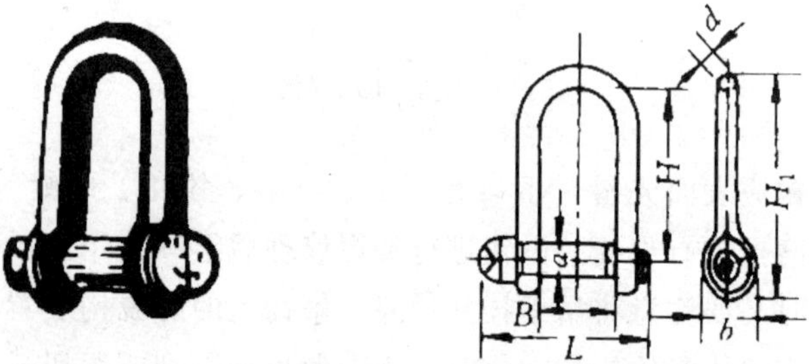

图 2－5 卡环

卡环是根据钢丝绳的直径选用的。卡环在使用时不准超过额定荷载，并应使卡环销轴和环底受力，严禁钢丝绳在卡环两侧起重。在吊大模板、大灰斗、混凝土斗和预制墙板时，必须使用卡环。

5. 花篮螺杆：花篮螺杆又称松紧螺丝或拉紧器，如图 2－6 所示。能拉紧和调节钢丝绳的松紧程度，用于捆绑运输中的构件，在安装构件中可利用花篮螺杆调整缆风绳的松紧。

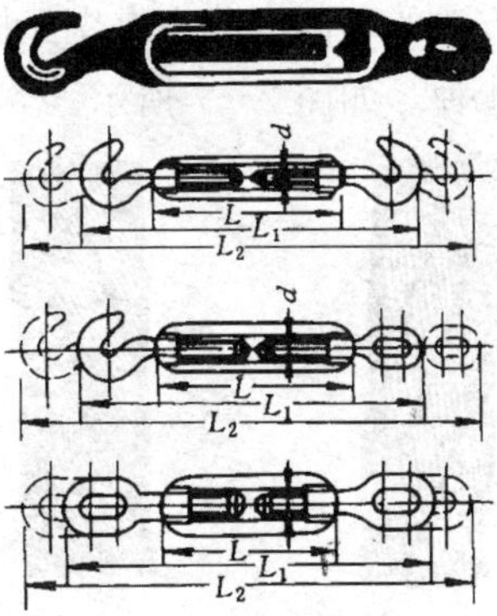

图 2—6　花篮螺杆

常见的花篮螺杆有单丝杠型和双丝杠型两种，根据两端是钩子或是环形又分为 CC 型、CO 型和 OO 型。CC 型用于经常拆卸处；OO 型用于不经常拆卸处；CO 型用于一端经常拆卸，另一端固定之处。

三、索具

常用索具有白棕绳、麻绳和钢丝绳。

（一）白棕绳

绳索在架子起重作业中，主要用来抬、拉、吊一些小构件。白棕绳由植物纤维搓成线，再由线绕成股，最后由股拧成绳子，有 3 股、4 股和 9 股三种。

（二）麻绳

麻绳由大麻或亚麻的纤维搓成股，再将股拧成绳。

（三）钢丝绳

结构吊装施工中常用的钢丝绳是由 6 束绳股和一根绳芯捻成，绳芯通常为麻芯，绳股是由许多根直径为 0.4～4mm，强度为 1400～2000N/mm。的高强度钢丝捻成。

钢丝绳按捻制方法的不同区分为右交互捻、左交互捻、右同向捻、左同向捻等4种，如图2—7所示。

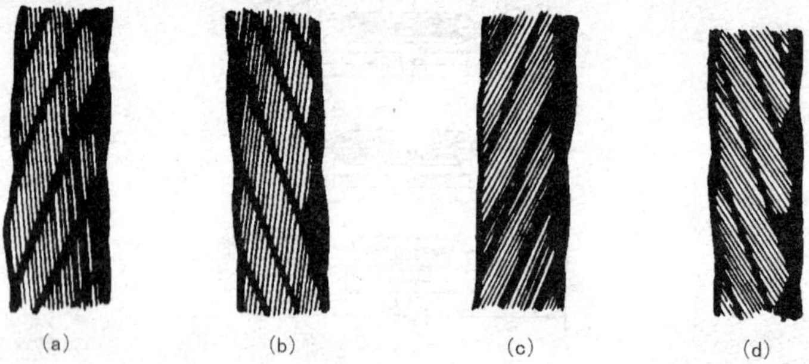

图2—7 钢丝绳捻制形式

(a) 右交互捻 (b) 左交互捻 (c) 右同向捻 (d) 左同向捻

同向捻钢丝绳表面平整、柔软、磨耗轻，但容易松散和产生扭结卷曲，并在起重时容易使重物旋转，所以吊装时一般不用这种钢丝绳。交互捻钢丝绳比较硬，强度高，在吊重时不易扭结和旋转，因而常用在吊装作业中。

钢丝绳按绳股及每股中的钢丝数可区分为6股7丝、7股7丝、6股19丝、6股37丝和6股61丝等几种。

(四) 结绳方法、使用范围和注意事项

1. 结绳方法和使用范围在抬、拉、吊一些轻小构件时，需要将绳索打各种绳结，绳结要求打结迅速，使用安全可靠，解开容易。根据用途不同分为以下若干种结绳方式（图2—8）。

(1) 挂钩结。用于绳与吊钩连接。

(2) 多级扒结（又称倒扒结）。这种结方便、牢靠，随时可以伸长或缩短，适用于立戗子的拖拉绳连接。

(3) 组合结。用于两根绳子的连接，也可用于绳与绳圈连接。

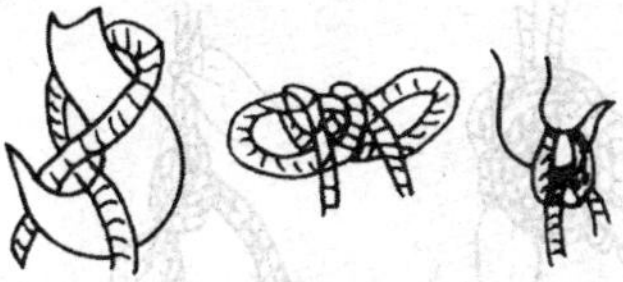

(a)

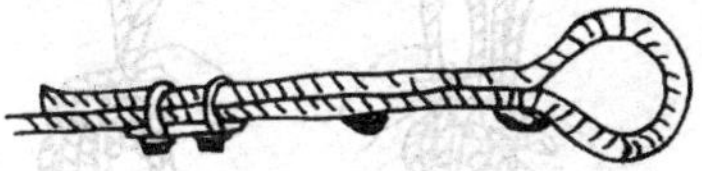

(b)

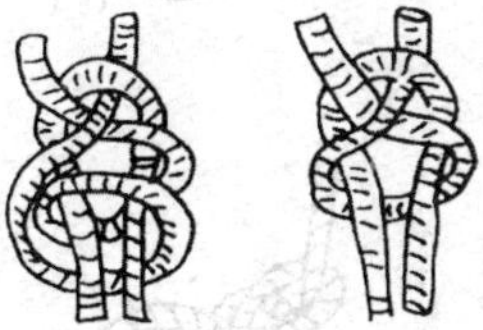

(c)

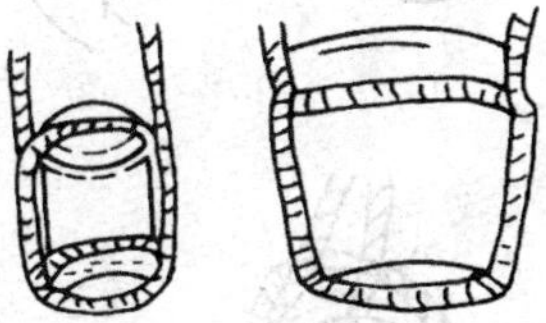

(d)

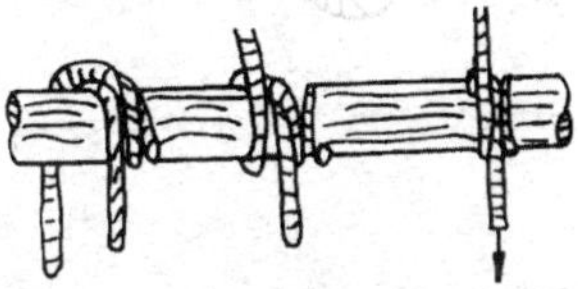

(e)

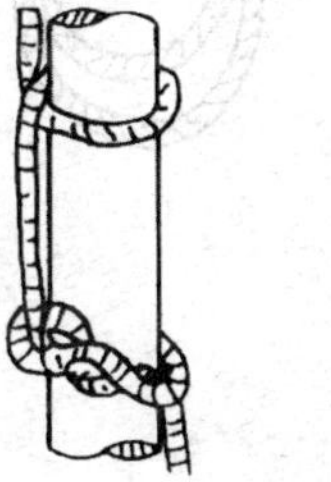

(f)

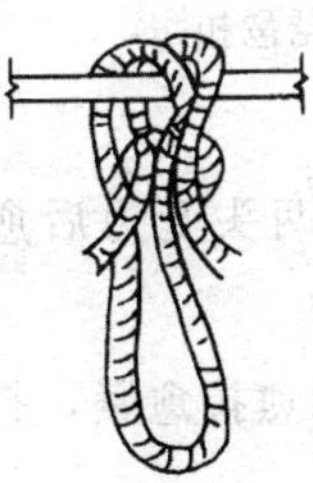

(g)

(h)

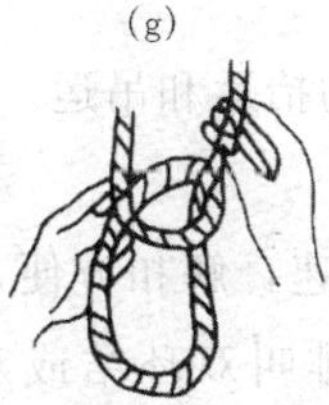

①

②

③

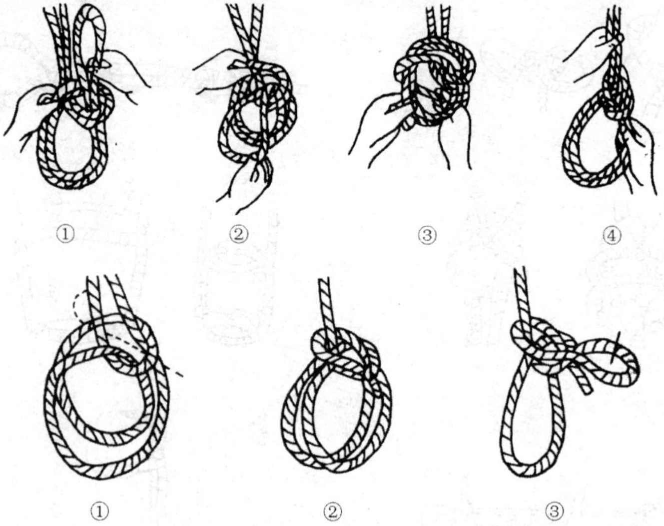

(i)

图 2—8　各种绳结方式

(a) 挂钩结 (b) 多级扒结 (c) 组合结 (d) 吊桶结 (e) 鲁班结 (f) 倒背结 (g) 杠棒结 (h) 栓柱结 (i) 琵琶扣

(4) 吊桶结。用于绑扎圆形物体。

(5) 鲁班结。拨杆顶缆风绳可用此结，绳两头受力后愈拉愈紧。

(6) 倒背结。用于绑捆木杆和钢支撑，此扣愈拉愈紧，打结和解结方便快捷，垂直提升物体时常用此结。

(7) 杠棒结（又称抬结)。用于轻小构件的抬运和吊运。

(8) 栓柱结。用于缆风绳与地锚的连接。

(9) 琵琶扣。这种绳结牢固可靠，打结迅速，解扣方便，图中第一排叫水手结或单环结，图中第二、三排叫双环结或双套扣。这种扣多用于绳头和其他物体的连接，如绳头与卡环、滑车吊环的连接。

2. 绳头的扎结。麻绳、钢丝绳剁断后，其绳头必须扎结，以免松散。扎结方法有：

(1) 普通绳头结（图 2－9）。先将细铁丝或细麻绳的一头顺着绳索构成一个圆圈（图 2－9a），然后以另一头缠绕绳索上 2～15 道，将圆圈盖住大部，再将剩下来的细绳头穿过该圈，拉紧细绳圈活头（图 2－9b），割除余头即成（图 2－9c）。

(a) (b) (c)

图 2－9 普通绳头结

(2) 自遮绳头结（图 2－10）。首先将细铁丝或细麻绳的一头安放在绳股的搓纹里，然后自后向绳头缠绕五六道，并将细绳的另一端顺绳索安放（图 2－10a），再绕五六道，最后将细绳圈拉紧，割除余头即成（图 2－10b）。

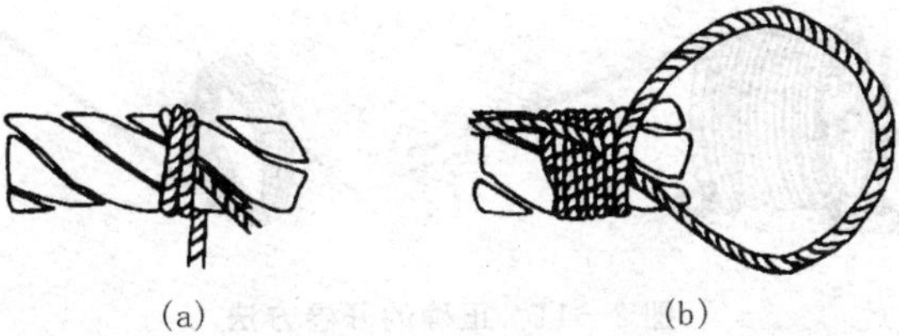

(a) (b)

图 2－10 自遮绳头结

3. 绳索的使用注意事项。

(1) 白棕绳和麻绳的使用与保养：

①由于白棕绳和麻绳本身强度出入较大，使用前应做荷载试验，确定其实际强度。

②重要起重及机械操作不宜使用。

③用于滑轮起重时，滑轮直径应比绳子的直径大10倍以上，以免弯曲过大降低绳的强度。

④绳开卷时，应将绳卷平放在地上，使有绳头一面朝下然后从卷内拉出绳头，避免绳产生扭结。

⑤在使用过程中，如绳发生扭结，应及时设法抖直再使用，否则受拉时绳易折断。

⑥使用时应避免在粗糙或带尖棱的物体上拖拉，以免損伤绳子。

⑦绳子使用完后，应存放在干燥通风的地方，以免腐烂。使用和存放时不能与酸、碱、油和油漆等化学物品接触，以防腐蚀。

（2）钢丝绳的使用与保养：

①新绳在使用前应做外观检查，并以计算允许荷载的两倍做拉力试验15min，确认无断丝和其他不利变化，方可使用。

②钢丝绳的开卷应采用图2－11所示的方法，不得采用图2－12所示的错误开卷方法。

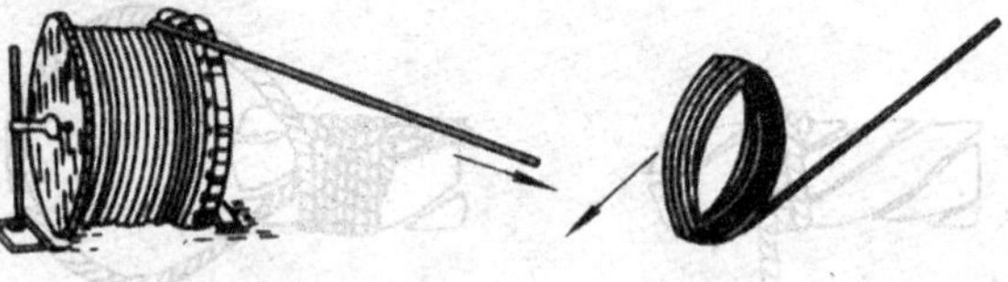

图2－11　正确的开卷方法

图2－12　错误的开卷方法

③为提高钢丝绳的使用寿命，穿过滑车或卷筒时，滑轮或卷筒直径应为钢丝绳直径的 18～20 倍，钢丝绳穿滑车组的绕法应尽量同向绕转，避免反向绕转。此外，滑轮槽宽度应比钢丝绳直径大 1～2.5 倍。轮槽太小会挤扁钢丝绳。

④绞车滚筒上缠绕钢丝绳的圈数不应少于 4 圈，并且要一圈紧靠一圈成一平整层，以免绞车停车时绳圈松开，再绞时产生错叠而压伤绳子。此外，钢丝绳应从绞车底部引出，以降低受力点，利于工作稳定。

卷筒开动或停止时，速度应慢慢增加或减小，不应突然加速或突然制动，更不允许超载工作。

⑤工作中要防止钢丝绳碰地或与其他硬物碰挂，如无法避免，应加滚轮或垫木块。

⑥使用过程中如发现钢丝绳出油，说明绳受力过大，出现较大变形，应及时更换较粗的钢丝绳。

⑦钢丝绳吃劲时人员不要靠近，以防绳子绷断伤人。

⑧钢丝绳应定期涂油保养。

思 考 题

1. 脚手架按构造形式可分为几类？
2. 脚手架常用工具、吊具、索具有哪些？
3. 绳索使用的注意事项有哪些？
4. 钢丝绳的使用保养要求有哪些？

第三章　扣件式钢管外脚手架的搭拆

第一节　扣件式钢管外脚手架的构造

一、构造和组成

落地扣件式钢管脚手架，由立杆、纵向水平杆（大横杆）、横向水平杆（小横杆）、剪刀撑、横向斜撑、连墙件等组成（图 3—1）。

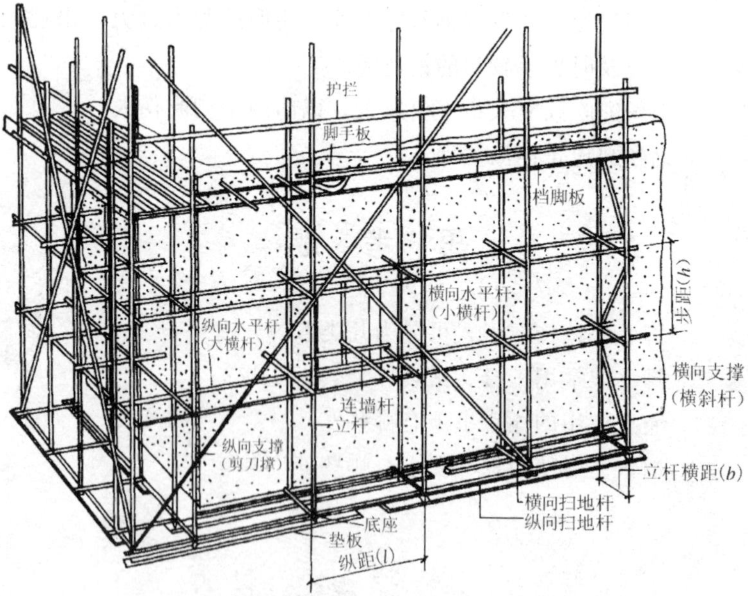

图 3—1　落地扣件式钢管脚手架构造

立杆，垂直于地面的竖向杆件，是承受自重和施工荷载的主要杆件。

纵向水平杆（又称大横杆），沿脚手架纵向（顺着墙面方向）连接各立杆的水平杆件，其作用是承受并传递施工荷载给立杆。

横向水平杆（又称小横杆），沿脚手架横向（垂直墙面方向）连接内、外排立杆的水平杆件，其作用是承受并传递施工荷载给立杆。

扫地杆，连接立杆下端、贴近地面的水平杆，其作用是约束立杆下端部的移动。

剪刀撑，在脚手架外侧面设置的呈十字交叉的斜杆，可增强脚手架的稳定和整体刚度。

横向斜撑，在脚手架的内、外立杆之间设置并与横向水平杆相交呈之字形的斜杆，可增强脚手架的稳定性和刚度。

连墙件，连接脚手架与建筑物的杆件。

主节点，立杆、纵向水平杆、横向水平杆三杆紧靠的扣接点。

底座，立杆底部的垫座。

垫板，底座下的支承板。

二、落地扣件式钢管脚手架的主要尺寸

落地扣件式钢管脚手架搭设有双排和单排两种形式：双排脚手架和单排脚手架（图 3－2）。双排脚手架有内、外两排立杆；单排脚手架只有一排立杆，横向水平杆有一端插置在墙体上。

落地扣件式钢管脚手架中主要尺寸有：

脚手架高度 H 是指立杆底座下皮至架顶栏杆上皮之间的垂直距离。

脚手架长度 L 是指脚手架纵向两端立杆外皮间的水平距离。

脚手架的宽度 B 双排架是指横向内、外两立杆外皮之间的水

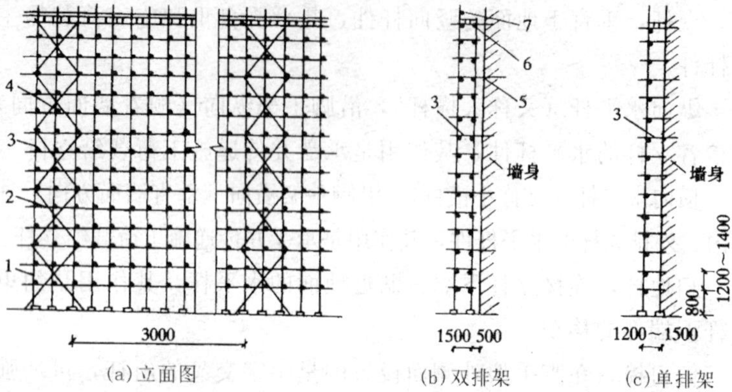

图 3-2 扣件式钢管脚手架

1—立杆；2—大横杆；3—小横杆；4—剪刀撑；

5—连墙杆；6—作业层；7—栏杆

平距离。单排架是指立杆外皮至墙面的距离。

立杆步距 h 是指上、下两相邻水平杆轴线间的距离。

立杆纵距（跨距）l 是指脚手架中两纵向相邻立杆轴线间的距离。

立杆横距 l_0 双排架是指横向内、外两主杆的轴线距离。单排架是指主杆轴线至墙面的距离。

连墙件间距是脚手架中相邻连墙件之间的距离。连墙件竖距，上下相邻连墙件之间的垂直距离。连墙件横距，左右相邻连墙件之间的水平距离。

1. 立杆横距 l_0

在选定脚手架的立杆横距时，应考虑脚手架作业面的横向尺寸要满足施工作业人员的操作、施工材料的临时堆放及运输等要求，图 3-3 给出了必要的横向参考尺寸。

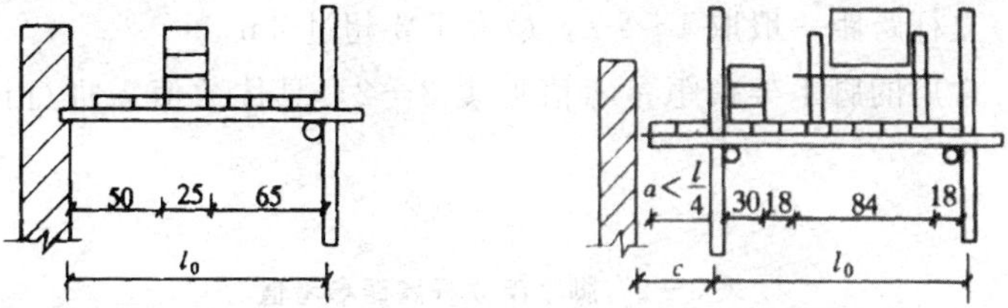

(a)单排脚手架；　　(b)双排脚手架

图 3－3　**脚手架立杆横距**

表 3－1 列出了脚手架在不考虑行走小车情况下立杆横距 l_0 及其他一些横向参考尺寸。

表 3－1　脚手架的立杆横距 l_0 等横向参考尺寸

尺寸类型	结构施工脚手架	装修施工脚手架
双排脚手架立杆横距 l_0	1.05～1.55m	0.80～1.55m
单排脚手架立杆横距 l_0	1.45～1.80m	1.15～1.40m
横向水平杆里端距墙面距离 a	100～150mm	150～200mm
双排脚手架里立杆距墙体（结构面）的距离 c	350～500mm	350～500mm

从表 3.1 中可看出：

(1) 结构施工脚手架因材料堆放及运输量大，其立杆横距应比装修脚手架的立杆横距大。

(2) 装修施工（如墙面装饰施工）比结构施工需要有更宽一些的操作空间，所以装修施工脚手架的横向水平杆里端距墙面的距离 a 比结构施工脚手架的要大。

(3) 为了保证施工作业人员有足够的活动空间，双排脚手架（图 3－3b）里立杆距墙体结构面的距离宜为 350～500mm。

2. 脚手架立杆跨距 l

不论单排脚手架还是双排脚手架，结构脚手架还是装修脚手架，立杆跨距一般取 1～2m，最大不要超过 2m。

常用的脚手架跨距参考值见表 3－2，具体数值需进行计算选定。

表 3－2　脚手架立杆跨距参考值

脚手架高度 H	脚手架立杆跨距 l
＜30m	1.8～2m
30～40m	1.4～1.8m
40～50m	1.2～1.6m

3. 脚手架步距 h

考虑到地面施工人员在穿越脚手架时能安全顺利通过，脚手架底层步距应大些，一般为离地面 1.6～1.8m，最大不超过 2m。

不同的施工操作内容（如砌筑、粉刷、贴面砖等）其操作需要的空间高度也不同。为了便于施工操作，对脚手架的步距会有限制，否则，步距超过一定高度时，作业人员将会无法操作。除底层外，脚手架其他层的步距一般为 1.2～1.6m，结构施工脚手架的最大步距不超过 1.6m，装修施工脚手架的最大步距不超过 1.8m。

4. 脚手架的搭设高度 H

脚手架的搭设高度因脚手架的类型、形式及搭设方式的不同而不一样。落地扣件式钢管单排脚手架的搭设高度一般不超过 24m，双排脚手架的搭设高度一般不超过 50m。

当脚手架高度超过 50m 时，钢管脚手架则采取如下加强措施：

（1）脚手架下部采用双立杆（高度不得低于 5～6m），上部采用单立杆（高度应小于 35m）（图 3－4）。

（2）分段组架布置，将脚手架下段立杆的跨距减半（图 3－

5）。上段立杆跨距较大部分的高度应小于 35m。

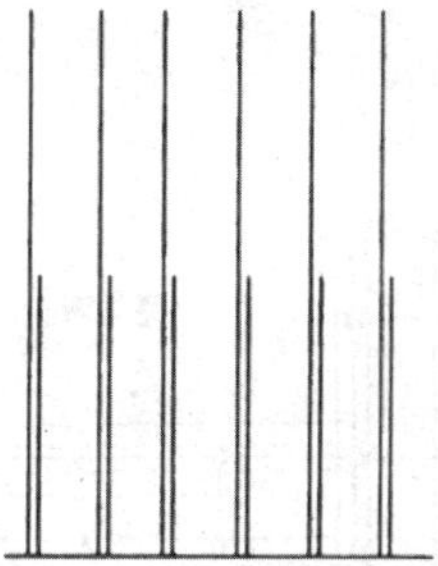

图 3－4　下部双立杆布置

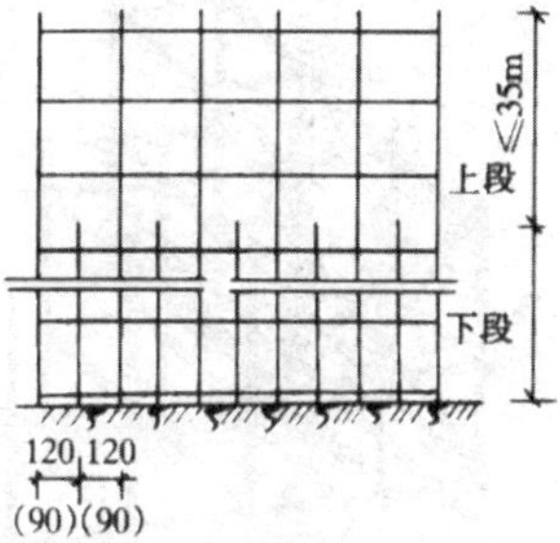

图 3－5　分段组架布置

第二节　扣件式钢管外脚手架的搭设

脚手架搭设必须严格执行有关的脚手架安全技术规范，采取可靠的安全措施，以保证安全可靠施工。脚手架必须配合工程的施工进度进行搭设。脚手架一次搭设的高度不应超过相邻连墙件以上二步。对脚手架一次搭设高度进行限制，是为了保证脚手架搭设中的稳定。

脚手架按形成基本构架单元的要求，逐排、逐跨、逐步地进行。矩形周边脚手架可在其中的一个角的两侧各搭设一个 1～2 根杆长和 1 根杆高的架子，并按规定要求设置剪刀撑或横向斜撑以形成一个稳定的起始架子，如图 3－6 所示，然后向两边延伸，至全周边都搭设好后，再分步满周边向上搭设。在搭设脚手架时，各杆的搭设顺序为：摆放纵向扫地杆——逐根树立杆（随即与纵向扫地杆扣紧）——安放横向扫地杆（与立杆或纵向扫地杆扣紧）——安装第一步纵向水平杆和横向水平杆——安装第二步纵向水平杆和横向水平杆——铺设临时抛撑（上端与第二步纵向水平杆扣紧，在设置二道连墙杆后可拆除）——安装第三、四步

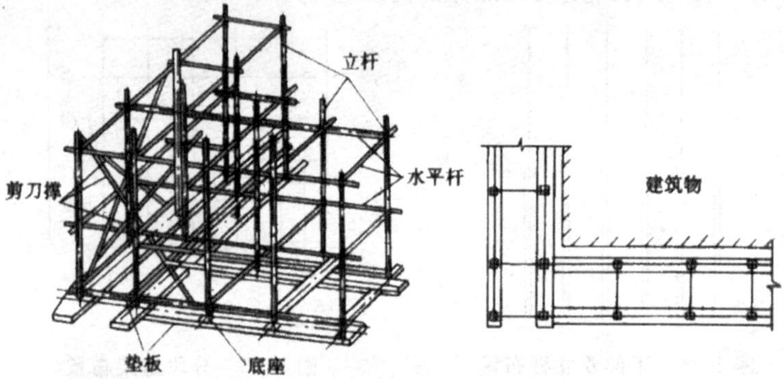

图 3—6　脚手架搭设的起始架子

纵向和横向水平杆；设置连墙杆 l 安装横向斜撑——接立杆——加设剪刀撑；铺脚手板——安装护身栏杆和挡脚板立挂安全网。

1. 摆放扫地杆、树立杆

脚手架必须设置纵、横向扫地杆。根据脚手架的宽度摆放纵向扫地杆，然后将各立杆的底部按规定跨距与纵向扫地杆用直角扣件固定，并安装好横向扫地杆（图 3—7）。

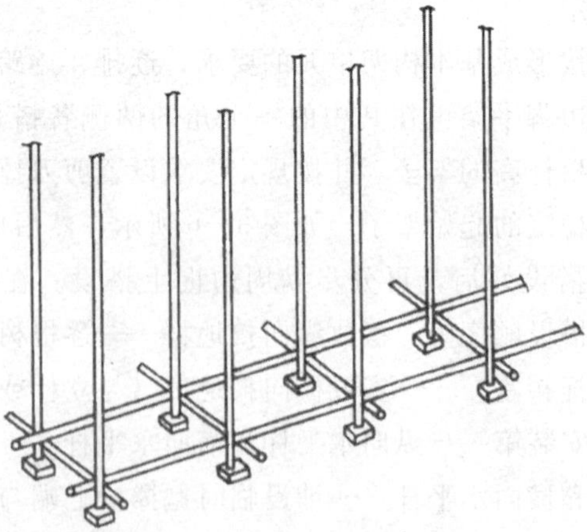

图 3—7　摆放扫地杆、树立杆

立杆要先树里排立杆，后树外排立杆；先树两端立杆，后树中间各根立杆。

每根立杆底部应设置底座或垫板。

纵向扫地杆固定在立杆内侧，其距底座上皮的距离不应大于200mm。横向扫地杆应采用直角扣件固定在紧靠纵向扫地杆下方的立杆上，或者紧挨着立杆，固定在纵向扫地杆下侧。

当立杆基础不在同一高度时（如图 3－8），应将高处的纵向扫地杆向低处延伸两跨，并以立杆固定。

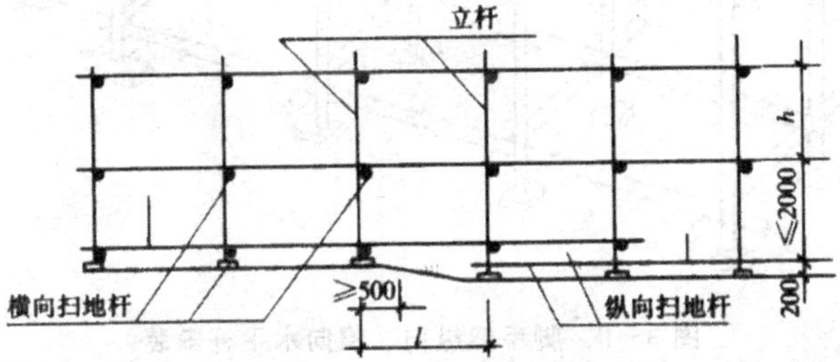

图 3－8　纵、横向扫地杆

2. 安装纵向水平杆和横向水平杆

在树立杆的同时，要及时搭设第一、二步纵向水平杆和横向水平杆，以及临时抛撑或连墙杆，以防架子倾倒。

使用冲压钢脚手板、木脚手板、竹串片脚手板时应先安装纵向水平杆用直角扣件把纵向水平杆固定在立杆的内侧（图 3－9）。

再安装横向水平杆双排脚手架的横向水平杆两端均应采用直角扣件固定在纵向水平杆上（图 3－9）。

在双排脚手架中，横向水平杆靠墙一端的外伸长度应不大于 $0.4l$，且不大于 500mm，其靠墙一端端部离墙（装饰面）的距离应不大于 100mm（图 3－10a）。

单排脚手架的横向水平杆的一端用直角扣件固定在纵向水平

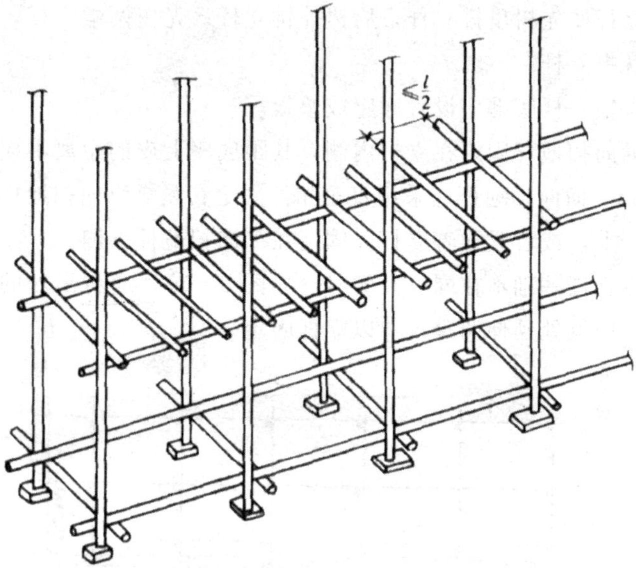

图 3—9　脚手架纵向、横向水平杆安装

（铺冲压钢脚手板等时）

杆上，另一端应插入墙内，其插入长度不应小于 180mm（图 3—10b）。

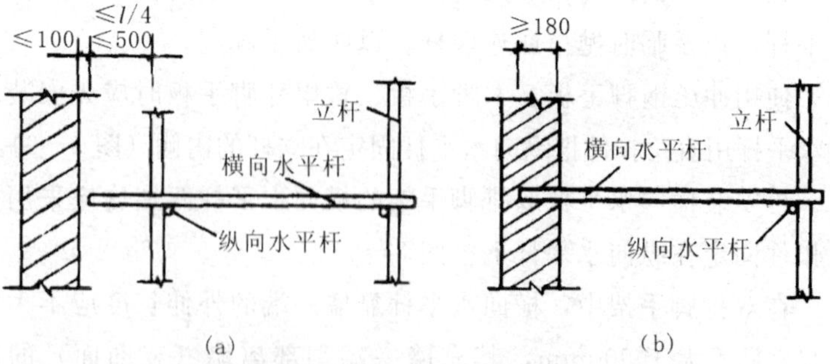

图 3—10　双、单排脚手架的横向水平杆

单排脚手架中横向水平杆将一端插入墙内，但在下列部位不

得设置：

（1）过梁上与过梁两端成60°角的三角形范围内及过梁净空的1/2高度范围内。

（2）砌体门窗洞口两侧200～300mm范围及宽度小于1m的窗间墙内。

（3）砌体转角处的450mm（砖砌体）或600mm（其他砌体）范围内。

（4）梁或梁垫下及其两侧各500mm的范围内。

（5）宽度小于480mm的砖柱（独立或附墙砖柱）上。

纵向水平杆接长宜采用对接扣件连接，也可采用搭接。

采用对接时，对接接头应交错布置：

（1）两根相邻纵向水平杆的接头不宜设置在同步或同跨内（图3－11）。

（2）不同步或同跨的两个相邻接头的水平方向错开距离不应小于500mm。

（3）各接头中心至最近主节点的距离不应大于纵距的1/3（图3－11）。

搭接时，搭接长度不应小于1m，用等距设置的3个旋转扣件固定，端部扣件盖板边缘至杆端距离不小于100mm（图3－12）。

3. 设抛撑

在设置第一层连墙件之前，除角部外，每隔6跨（10～12m）应设一根抛撑，直至装设二道连墙件且稳定后，方可根据情况拆除。

4. 设置连墙杆

连墙杆一般有3种做法：

（1）连墙杆与预埋件焊接而成，在现浇混凝土的框架梁柱上

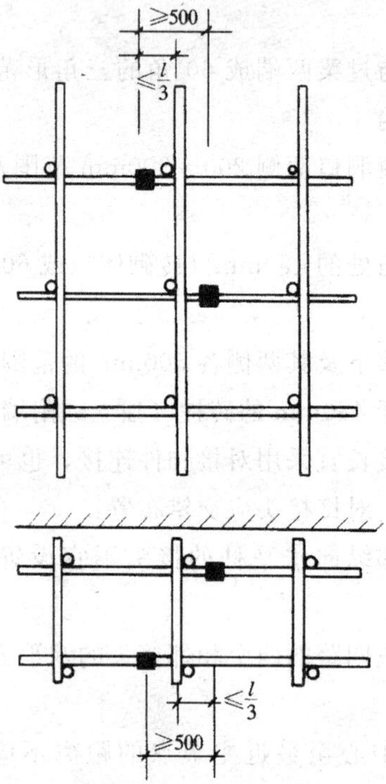

图 3－11　纵向水平杆接头布置

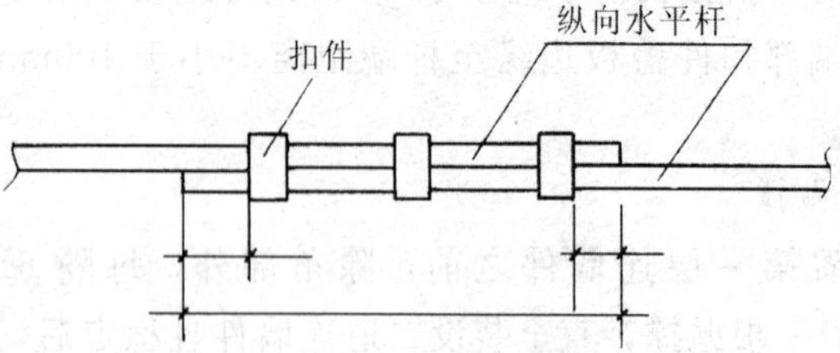

图 3－12　纵向水平杆的搭接连接

留预埋件，然后用钢管或角钢的一端与预埋件焊接，如图 3－13 所示，另一端与连接短钢管用螺栓连接。

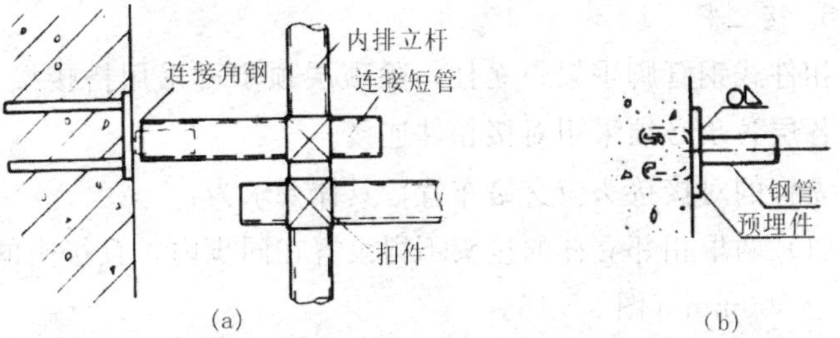

图 3－13　钢管焊接刚性连墙杆

(a) 角钢焊接预埋件；(b) 钢管焊接预埋件

(2) 用短钢管、扣件与钢筋混凝土柱连接（图 3－14）。

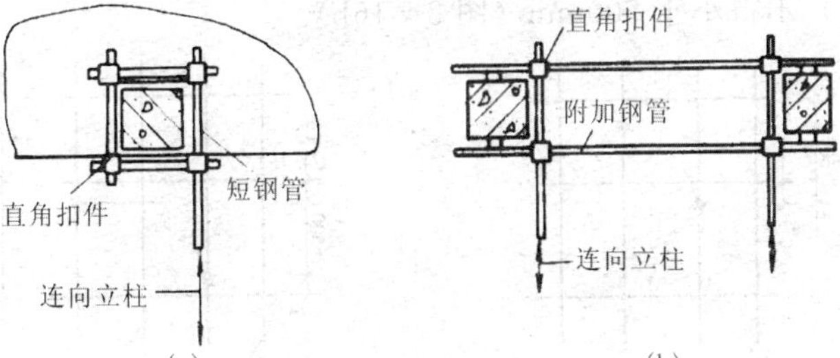

图 3－14　钢管扣件柱刚性连墙杆

(a) 单柱连接；(b) 多柱连接

(3) 用短钢管、扣件与墙体连接（图 3－15）。

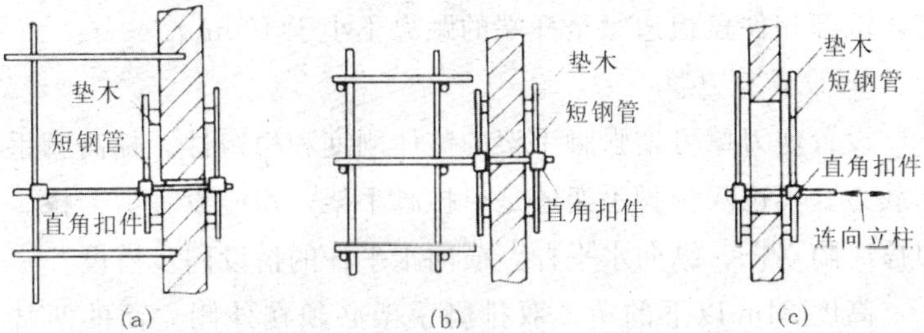

图 3－15　钢管扣件墙刚性连墙杆

(a) 单排架；(b) 双排架；(c) 窗洞处连接

5. 接立杆

扣件式钢管脚手架中立柱，除顶层顶步可采用搭接接头外，其他各层各步必须采用对接扣件连接。

立杆的对接接头应交错布置，具体要求为：

（1）两根相邻立杆的接头不得设置在同步内，且接头的高差不小于 500mm（图 3—16a）。

（2）各接头中心至主节点的距离不宜大于步距的 1/3（图3—16a）。

（3）同步内隔一根立杆两相隔接头在高度方向上错开的距离（高差）不得小于 500mm（图 3—16b）。

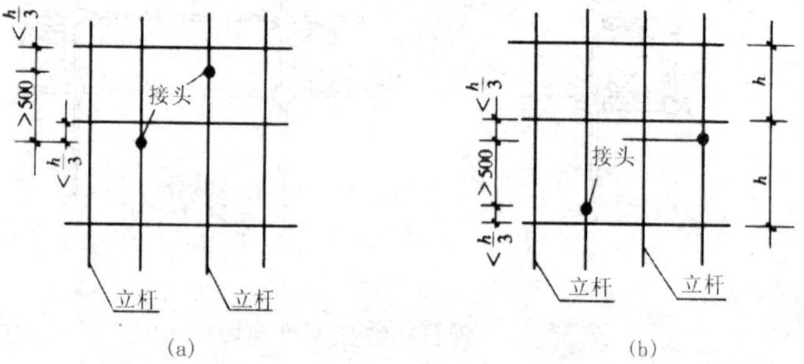

图 3—16　立柱对接接头

立杆搭接时搭接长度不应小于 1m，至少用 2 个旋转扣件固定，端部扣件盖板边缘至杆端的距离不小于 100mm。

6. 设置剪刀撑

设置剪刀撑可增强脚手架的整体刚度和稳定性，提高脚手架承载力。不论双排脚手架还是单排脚手架，均应设置剪刀撑。剪刀撑应随立杆、纵向水平杆、横向水平杆的搭设同步搭设。

高度 24m 以下的单、双排脚手架必须在外侧立面的两端各设置一道从底到顶连续的剪刀撑，中间各道剪刀撑之间的净距不大于 15m（图 3—17a）。剪刀撑跨越立杆的根数参见表 3—3。

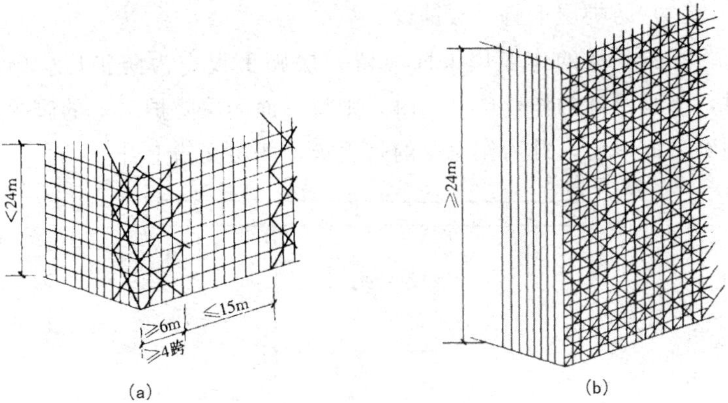

图 3—17 剪刀撑设置

表 3—3 剪刀撑跨越立杆的根数

斜杆与地面的倾角	剪刀撑跨越的立杆最多根数
45°	7 根
50°	6 根
60°	5 根

剪刀撑斜杆应用旋转扣件固定在与之相交的横向水平杆上，且扣件中心线与主节点的距离不宜大于 150mm。

底层斜杆的下端必须支承在垫块或垫板上。

剪刀撑斜杆的接长宜用搭接，其搭接长度不应小于 1m，至少用 2 个旋转扣件固定，端部扣件盖板边缘至杆端的距离不小于 100mm。

7. 铺脚手板

(1) 作业层上脚手板铺设

作业层的脚手板应铺满、铺稳。

脚手板边缘与墙面的间隙一般为 120～150mm，与挡脚板的间隙一般不大于 100mm。

（2）防护层上脚手板铺设

在脚手架的作业层下面应留一层脚手板作为防护层。施工时，当脚手架的作业层升高时，则将下面一层防护层上的脚手板倒到上面一层，升为作业层的脚手板，两层交错上升。

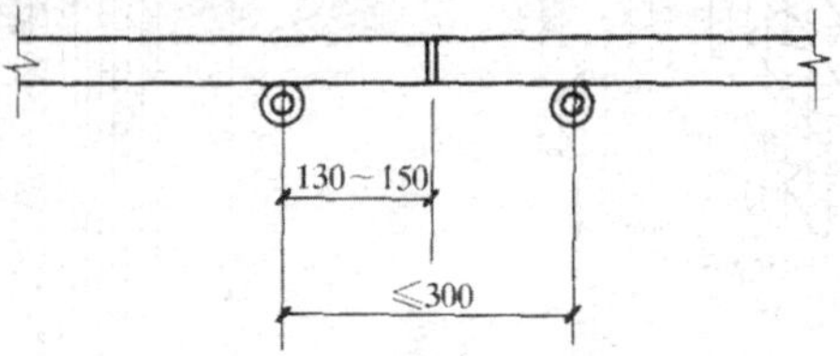

(a)

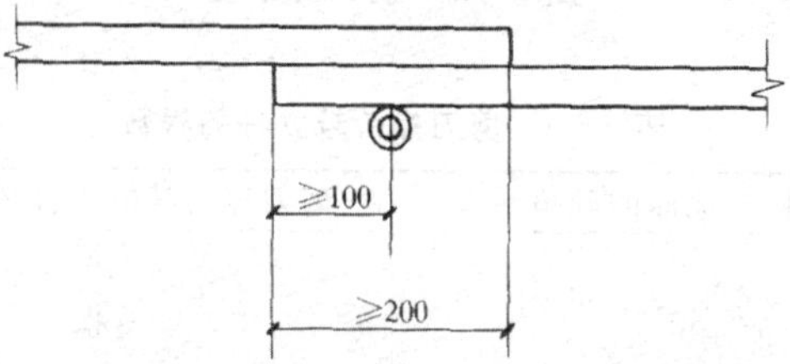

(b)

图 3－18　脚手板的对接、搭接

（3）脚手板平铺时（图 3－18a）：两块脚手板外伸长度之和应不大于 300mm。

脚手板搭接铺设时（图 3－18b）：接头必须支在横向水平杆上；搭接长度应大于 200mm；伸出横向水平的长度应不小于 100mm。

（4）铺板时应注意：

①作业层端部脚手板的一端探头长度应不超过 150mm，并且板两端应与支承杆固定牢靠。

②装修脚手架作业层上横向脚手架板的铺设不得少于 3 块。

③当长度小于 2m 的脚手板铺设时，可采用两根横向水平杆支承，但必须将脚手板两端用 3.2mm 镀锌钢丝与支承杆可靠捆牢，严防倾翻。

第三节　扣件式钢管外脚手架的拆除

一、脚手架拆除的施工准备和安全防护措施

1. 准备工作

脚手架拆除作业的危险性大于搭设作业，在进行拆除工作之前，必须作好准备工作：

(1) 当工程施工完成后，必须经单位工程负责人检查验证，确认脚手架不再需要后，方可拆除。脚手架拆除必须由施工现场技术负责人下达正式通知。

(2) 脚手架拆除应制订拆除方案，并向操作人员进行技术交底。

(3) 拆除前应清除脚手架上的材料、工具和杂物，清理地面障碍物。

(4) 制定详细的拆除程序。

2. 安全防护措施

(1) 拆除脚手架现场应设置安全警戒区域和警告牌，并派专人看管，严禁非施工作业人员进入拆除作业区内。

(2) 应尽量避免单人进行拆卸作业；严禁单人拆除如脚手板、长杆件等较重、较大的杆部件。

二、脚手架的拆除

1. 拆除的操作程序和工艺要求：

(1) 操作程序：与搭设时的顺序相反：先搭的后拆，后搭的先拆。

即：安全网——护栏和挡脚板——脚手板——连墙杆——剪刀撑——压栏子——排木——顺水杆——立杆——立杆底座。

(2) 操作工艺要点：拆除钢管脚手架至少需要5—8人配合拆除，其中3人在脚手架上拆除，2人在下面配合，1人指挥，1人负责拆除区域的安全，另外2—3人负责清运钢管。

对脚手架进行拆除的3人必须听从指挥，统一思想，相互配合。顺水杆一般要先松开两端，后松中间，在中间扣件松开时，两端的人可以托住杆件，防止杆件在拆除时掉落，从事拆除操作的人员必须挂好安全带，戴安全帽，穿工作服和防滑软底鞋。

所有拆下的杆件和扣件不得随意往下扔，以免损坏杆件和扣件，甚至伤人。拆下的扣件要放到工具袋内，用绳子顺下去。当脚手架较高时，拆下的杆件也必须用绳子顺下去。

拆除连墙杆时，必须事先筹划好，不得随意乱拆，以免造成倒塌事故。

2. 注意事项：

(1) 操作人员要戴好安全帽，系好安全带，听从指挥人员指挥。

(2) 脚手架拆除应自上而下逐层进行，严禁上、下同时作业。

(3) 连墙件必须随脚手架逐层拆除，严禁先将连墙件整层或数层拆除后再拆脚手架杆件。

(4) 如部分脚手架需要保留而采取分段、分立面拆除时，对不拆除部分脚手架的两端必须设置连墙件和横向斜撑。连墙件垂直距离不大于建筑物的层高，并不大于2步（4m）。横向斜撑应自底至顶层呈之字形连续布置。

（5）脚手架分段拆除高差不应大于2步，如高差大于2步，应增设连墙件加固。

（6）当脚手架拆至下部最后一根立杆高度（约6.5m）时，应在适当位置先搭设临时抛撑加固后，再拆除连墙件。

（7）拆除立杆时，把稳上部，再松开下端的联结，然后取下。

（8）拆除水平杆时，松开联结后，水平托举取下。

3. 脚手架材料的整修、保养

拆下的脚手架杆配件，应及时检验、整修和保养，并按品种、规格分类堆放。

思 考 题

1. 搭设扣件式钢管脚手架需做哪些准备工作？

2. 搭设扣件式钢管脚手架时，立杆搭接位置有什么要求？

3. 扣件式钢管脚手架的主要尺寸有哪些？

4. 扣件式钢管脚手架如何设置剪刀撑？

5. 扣件式钢管脚手架的拆除注意事项有哪些？

6. 墙内哪些部位是脚手架的禁止架设区域？

7. 搭设高度超过50m的脚手架时，应采取哪些加强措施？

8. 搭设立杆基础不在同一高度时，应采取哪些措施？

9. 连墙杆的种类有哪些？简述搭设单排脚手架时，如何设置连墙杆。

第四章 碗扣式钢管外脚手架的搭拆

第一节 碗扣式钢管外脚手架的构造

碗扣式钢管脚手架是一种多功能脚手架，它具有结构合理、装卸方便、安全可靠、劳动效率高等特点。

一、碗扣式钢管脚手架的组合

类型与适用范围

双排碗扣式钢管脚手架按施工作业要求与施工荷载的不同，可组合成轻型架、普通型架和重型架三种形式，它们的组框构造尺寸及适用范围列于表 4－1 中。

单排碗扣式钢管脚手架按作业顶层荷载要求，可组合成Ⅰ、Ⅱ、Ⅲ三种形式，它们的组框构造尺寸及适用范围列于表 4－2

表 4－1 碗扣式双排钢管脚手架组合形式

脚手架型式	廊道宽（m）框宽（m）框高（m）	适用范围
轻型架	1.2　2.4　2.4	装修、维护等作业
普通型架	1.2　1.8　1.8	结构施工，最常用
重型架	1.2　1.2　1.8 或 1.2　0.9　1.8	重载作用。高层脚手架中的底部架

表 4－2　碗扣式单排钢管脚手架组合形式

脚手架型式	框宽（m）框高（m）	适用范围
Ⅰ型架	1.8　0.8	一般外装修、维护等作业
Ⅱ型架	1.2　1.2	一般施工
Ⅲ型架	0.9　1.2	重载施工

二、碗扣式钢管脚手架构造特点

碗扣式脚手架采用焊接钢管作为主要构件，其核心部件是连接各杆的带齿的碗扣接头，它由上碗扣、下碗扣、上碗扣限位销、横杆接头和斜杆接头组成，其构造如图 4－1 所示。

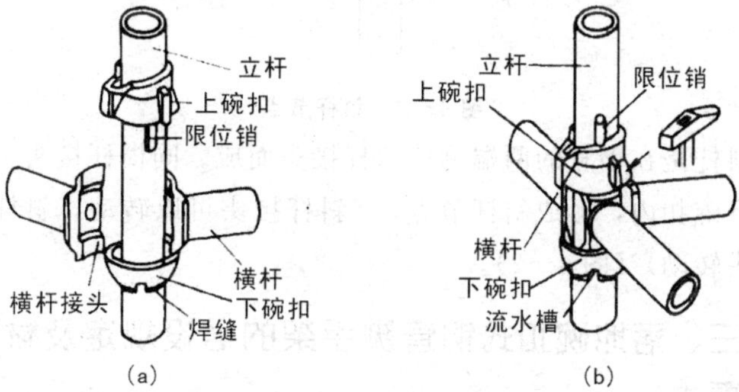

图 4－1　碗扣接头构造

立杆是在一定长度的钢管上每隔 0.6m 安装一套碗扣接头，并在其顶端焊接立杆连接管而成。下碗扣焊在钢管上，上碗扣对应地套在钢管上，其销槽对准焊在钢管上的限位销时即能上、下滑动（图 4－1a）。

立杆有 1.8m 和 3m 两种规格。

横杆是在钢管的两端各焊接一个横杆接头而成。

连接时，只需将横杆接头插入立杆上的下碗扣内，再将上碗扣沿限位销扣下，并顺时针旋转，靠上碗扣螺旋面使之与限位销顶紧，从而将横杆与立杆牢固地连在一起，（图 4－1b）形成框架结构。

每个下碗扣内可同时连接四根横杆，并且横杆可以互相垂直，也可以倾斜一定的角度。

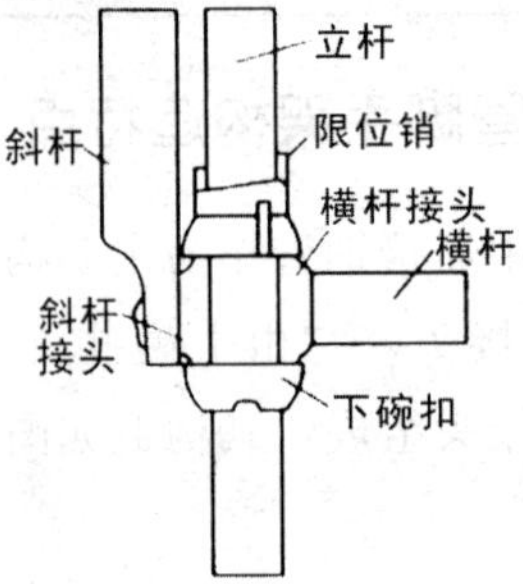

图 4－2　斜杆节点

斜杆是在钢管的两端铆接斜杆接头而成。同横杆接头一样可装在下碗扣内，形成斜杆节点，（斜杆接头可以转动，斜杆可绕杆接头转动）（图 4－2）。

三、落地碗扣式钢管脚手架的搭设规定及材料的质量要求

1. 主要尺寸及一般规定

为确保施工安全、对落地碗扣式钢管脚手架的搭设尺寸作了一般规定与限制，见表 4－3。

表 4－3　碗扣式钢管脚手架搭设一般规定

序号	项目名称	规　定　内　容
1	立杆纵距	一般为 1.2——1.5m，超过此值应进行验证
2	立杆横距	≤1.2m
3	步距高度	砌筑架子＜1.2m；装修架子＜1.8m

续表

序号	项目名称	规 定 内 容
4	立杆垂直偏差	H<30m时，<1/500架高； H>30m时，<1/1000架高
5	小横杆间距	砌筑架子<1m；装修架子<1.5m
6	剪刀撑	沿脚手架转角处往里布置，每4－6根为一组，与地面夹角为45°～60°
7	与结构拉结	每层设置，垂直间距离<4.0m，水平间距离<4～6m
8	护身栏杆	H＝1m，并设h＝0.25m的挡脚板

注：1. 脚手架的宽度l_0一般取1.2m；跨度l常用1.5m；当架高H≤20m的装修脚手架，l亦可取1.8m；H>40m时，l宜取1.2m。

2. 搭设高度H与主杆纵横间距有关：当立杆纵向、横向间距为1.2×1.2m时，架高H应控制在60m左右；1.5m×1.2m时，架高H不宜超过50m。

2. 架杆配件材料的质量要求

碗扣式钢管脚手架的杆件，均采用Q235A钢制作的φ48mm钢管，在立杆上每隔600mm安装一套碗扣接头，下碗扣焊在钢管上，上碗扣套在钢管上。横杆和斜杆两端的接头等均采用焊接工艺，因此对杆件及配件的质量要求应满足以下要求：

（1）焊接质量要求焊缝饱满，没有咬肉、夹渣、裂纹等；

（2）杆件的钢管应无裂缝、凹陷、锈蚀现象；

（3）立杆最大弯曲变形小于1/500，横杆、斜杆的最大变形要求小于1/250；

（4）可调配件的螺纹部分应完好、无滑丝、无严重锈蚀，焊缝无脱开等；

（5）脚手板等构件的挂钩及面板应无裂纹，无明显变形，焊接应牢固。

第二节　碗扣式钢管外脚手架的搭设

搭碗扣式钢管外脚手架应从中间向两边进行，不得采用两边向中间合拢的方法搭设，否则中间的杆件会难以安装。

脚手架的搭设顺序为：

安放立杆底座或立杆可调底座——树立杆、安放扫地杆——安装底层（第一步）横杆——安装斜杆——接头销紧——铺放脚手板——安装上层立杆——紧立杆连接销——安装横杆——设置连墙件——设置人行梯——设置剪刀撑——挂设安全网。

（一）树立杆、安放扫地杆

根据脚手架立杆的设计位置放线后，即可安放立杆垫座或可调底座，并树立杆。

在地势不平的地基上，或者是高层的重载脚手架应采用立杆可调底座，以便调整立杆的高度，使立杆的碗扣接头都分别处于同一水平面上（图 4－3）。

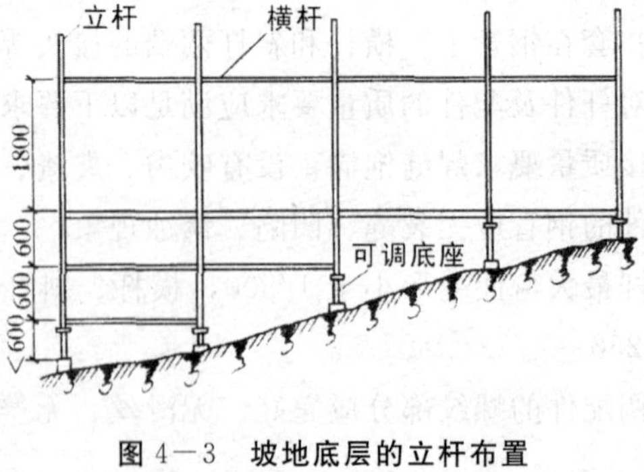

图 4－3　坡地底层的立杆布置

在平整的地基上脚手架底层的立杆应选用 3m 和 1.8m 两种

不同长度的立杆互相交错参差布置，使立杆的上端不在同一平面内（图 4－4）。这样，搭上面架子时，在同一层中采用相同长度的同一规格的立杆接长时，其接头就会互相错开。到架子顶部时再用 1.8m 长立杆找齐。

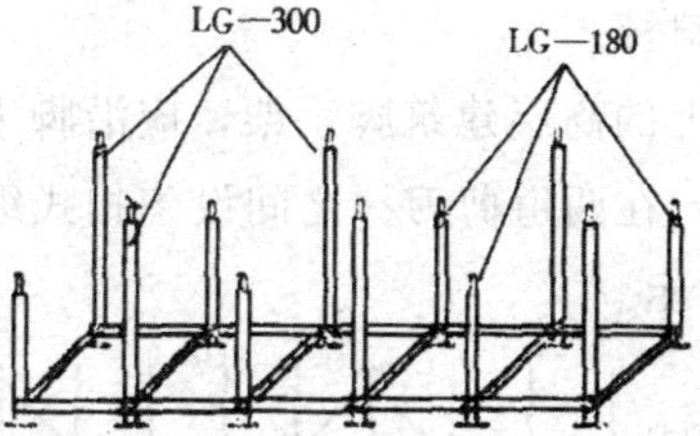

图 4－4　平整地基上底层立杆的布置

在树立杆时，应及时设置扫地杆，将所树立杆连成一整体，以保证架子整体的稳定。

（二）安装底层（第一步）横杆

碗扣式钢管脚手架的步高取 600mm 的倍数，一般采用 1800mm。首先将横杆接头插入立杆的下碗扣内，然后将上碗扣沿限位销扣下，并顺时针旋转，靠上碗扣螺栓旋面使之与限位销顶紧，将横杆与立杆牢固地连在一起，形成框架结构。

单排脚手架中横向横杆的一端与立杆连接固定，另一端采取带有活动的夹板将横杆与建筑结构或墙体夹紧，其构造如图 4－5 所示。

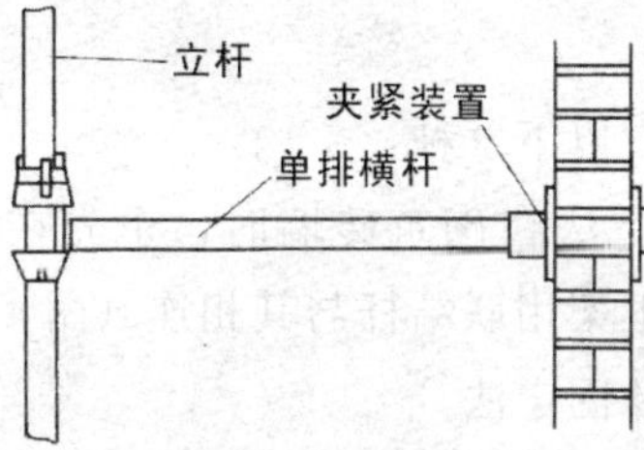

图 4－5　单排脚手架横向横杆设置构造

（三）竖向剪刀撑

竖向剪刀撑的设置应与纵向斜杆的设置相配合。

（1）高度在30m以下的脚手架，可每隔4—6跨设一道全高连续的剪刀撑，每道剪刀撑跨越5～7根立杆，在剪刀撑的跨内可不再设碗扣式斜杆。

（2）30m以上的高层建筑脚手架，应沿脚手架外侧全高方向连续布置剪刀撑，在两道剪刀撑之间设碗扣式纵向斜杆，其设置构造如图4—6所示。

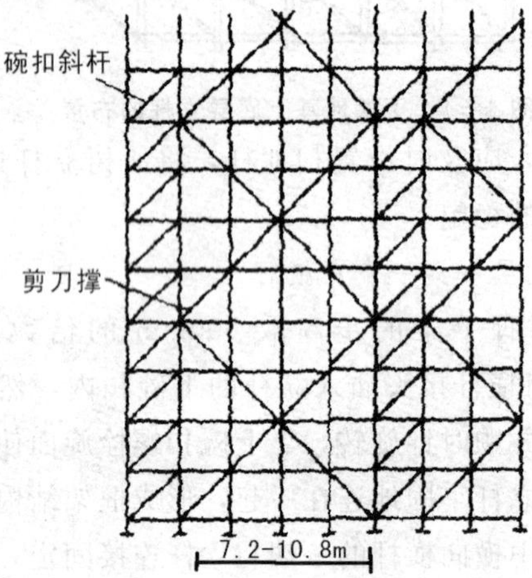

图4—6 竖向剪刀撑布置

（四）设置连墙件

1. 连墙件构造

连墙件的构造有以下3种：

（1）砖墙缝固定法在砌筑砖墙时，予先在砖墙缝内埋入螺栓，然后将脚手架框架用联结杆与其相连（图4—7a）。

（2）混凝土墙体固定法

按脚手架施工方案的要求，预先埋入钢件，外带接头螺栓，

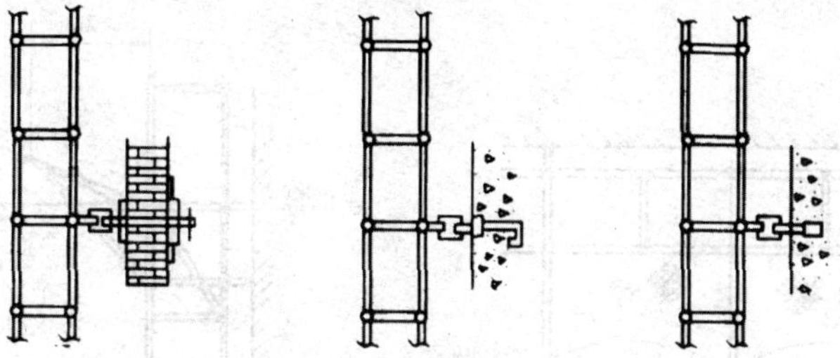
(a)　(b)　(c)

图 4—7　连墙件构造

脚手架搭到此高度时，将脚手架框架与接头螺栓固定（图 4—7b)。

（3）膨胀螺栓固定法

这种方法是在结构物上，按设计位置安放膨胀螺栓，然后将框架与膨胀螺栓固定（图 4—7c)。

2. 连墙件设置要求

（1）连墙件必须随脚手架的升高，在规定的位置上及时安装，

（2）在建筑物的每一楼层都必须设置连墙件；

（3）连墙撑的布置尽量采用梅花状布置，相邻两点的垂直间距≤4.0m，水平距离≤4.5m；

（4）凡在脚手架设置安全网支架的框架层处。必须在该层的上、下节点各设置一个连墙件，水平距每隔两跨设置一个连墙件(图 4—8)；

（5）连墙撑安装时要注意调整脚手架与墙体间的距离，使脚手架保持垂直（图 4—9a)，严禁向外倾斜（图 4—9b)；

（五）脚手板安放

脚手板除在作业层设置外，还必须沿高度每 10m 设置一层，

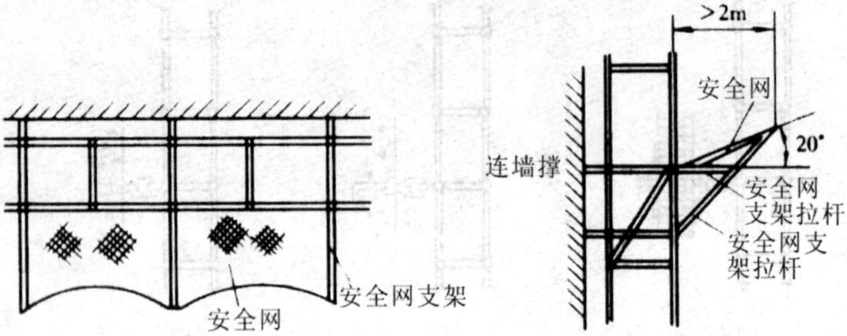

图 4—8 安全网支架处连墙件的设置

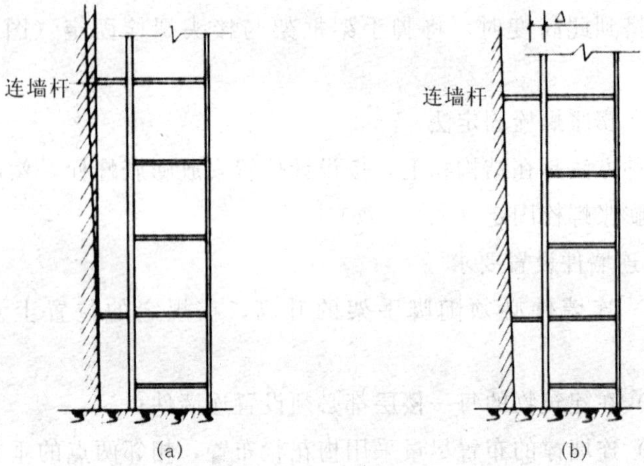

图 4—9 连墙件的设置要求

以防高空坠落物伤人和砸碰脚手架框架。

当脚手板使用普通的钢、木竹脚手板时，横杆应采用搭边横杆，脚手板的两端必须嵌入边角内，以减少前后窜动。

当脚手板采用碗扣式脚手架配套设计的钢脚手板时，脚手板的挂钩（图 4—10）必须完全落入横杆上，不允许浮动。

（六）接立杆

立杆的接长是靠焊于立杆顶部的连接管承插而成。立杆插入

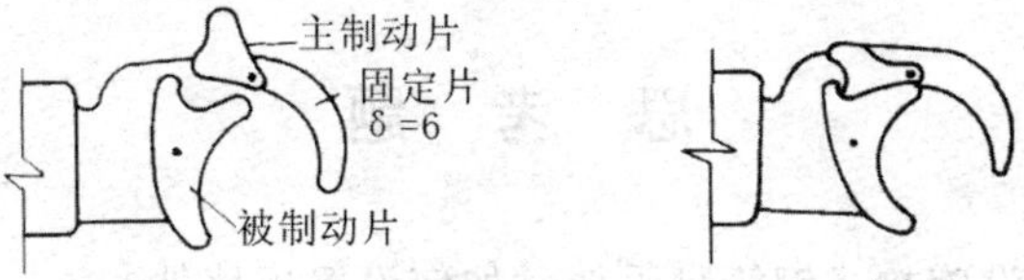

图 4—10　脚手架制动片式挂扣

(a) 安装前；(b) 安装后

后，使上部立杆底端连接孔同下部立杆顶部连接孔对齐，插入立杆连接销锁定即可。

安装横杆、斜杆和剪刀撑，重复以上操作，并随时检查、调整脚手架的垂直度。

脚手架的垂直度一般通过调整底部的可调底座、垫薄钢片、调整连墙撑的长度等来达到。

第三节　碗扣式钢管外脚手架的拆除

一、拆除脚手架时必须划出安全区，设警戒标志，并设专人看管拆除现场。

二、脚手架使用完成后，需要拆除时，应对脚手架作一次全面检查，清除所有多余物件，并设立拆除区，禁止人员进入。

三、拆除顺序自上而下逐层拆除，不容许上、下两层同时拆除

四、连墙撑要随架体同时拆除，严禁在拆架前先拆连墙撑。

五、拆除的构件严禁抛掷，应用吊具吊下或人工递下。

六、拆除的构件应及时分类堆放，以便运输保管。

思 考 题

1. 搭设碗扣式钢管脚手架时如何设置连墙件？
2. 试述碗扣式钢管脚手架搭设的操作要领。
3. 碗扣式钢管脚手架杆件及配件的质量要求有哪些？
4. 碗扣式钢管脚手架拆除时应注意的事项有哪些？

第五章　里脚手架的搭设

目前常使用的里脚手架有多种，主要有组合式平台里脚手架、支柱式里脚手架、满堂脚手架、门架式里脚手架和折叠式里脚手架。

第一节　组合式平台脚手架的搭设

一、组合式平台脚手架的构造

组合式平台架适用于民用建筑的砌砖、装修和存放材料。使用时可预先将平台架拼装好，铺上脚手板，用塔吊整体吊到使用部位。组合式平台脚手架由立柱架、联系桁架、横向桁架、三角柱架以及脚手板等部件组成，如图 5—1 所示。

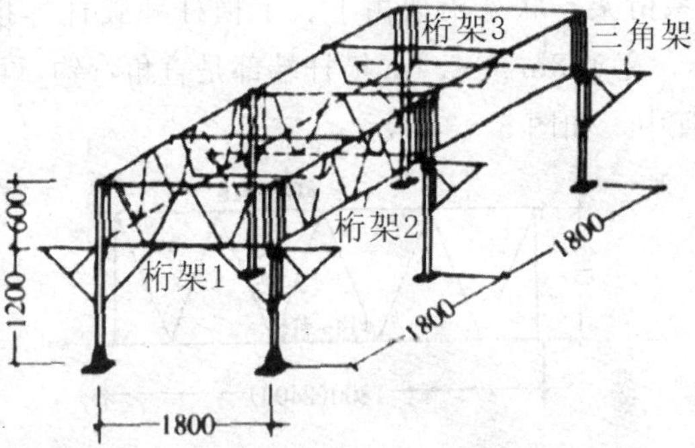

图 5—1　组合式平台脚手架

各部件的构造要求如下：

1. 立柱架：立柱架如图5－2所示，它由两根立柱和上、下横杆及腹杆等焊接而成。立柱一般用ϕ50×4的钢管，高1.8m。并在钢管的底端焊一个150mm×150mm×6mm的钢垫板作为底座，在立柱的中部与顶部高度分别为0.6m、1.2m、1.8m处焊有套管，用以挂设三角挂架。

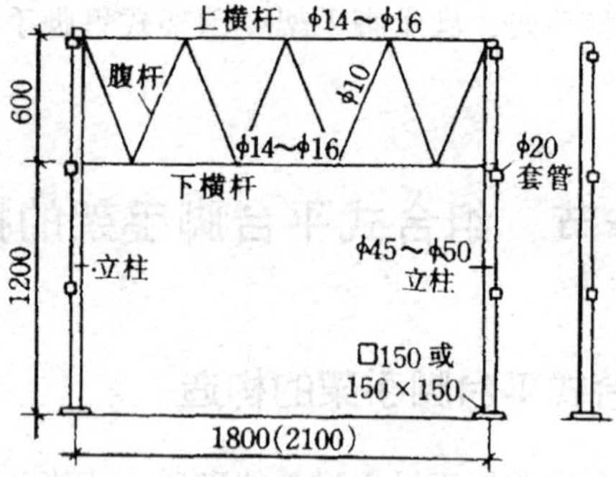

图5－2 立柱架

2. 上、下横杆及腹杆：上、下横杆均用直径为14～16mm的钢筋；腹杆用直径为10mm的钢筋。

3. 联系桁架：联系桁架由上、下横杆和腹杆焊接而成。桁架高0.6m，宽1.8m或2.4m横杆端部是直角弯钩，可挂于立柱架上的套管中，如图5－3所示

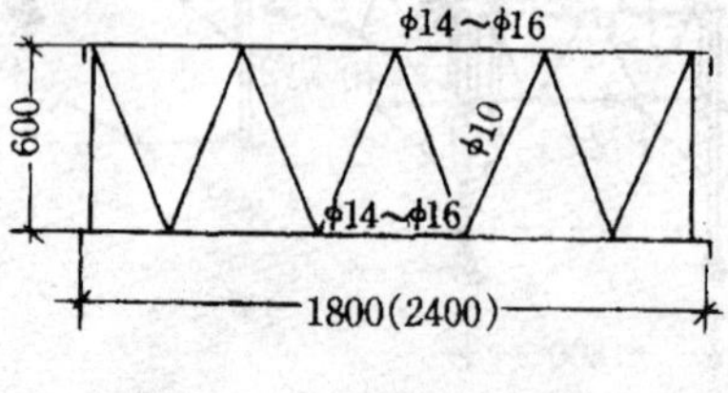

图5－3 联系桁架

4. 横向桁架：横向桁架由上下横杆和腹杆焊成，上下横杆用直径 14～16mm 的钢筋，腹杆用直径为 10mm 的钢筋，上横杆两端有直角弯钩。可挂在联系桁架的上横杆节点上，横向桁架高为 0.45～0.5m，宽为 1.81 或 2.11m，如图 5－4 所示。

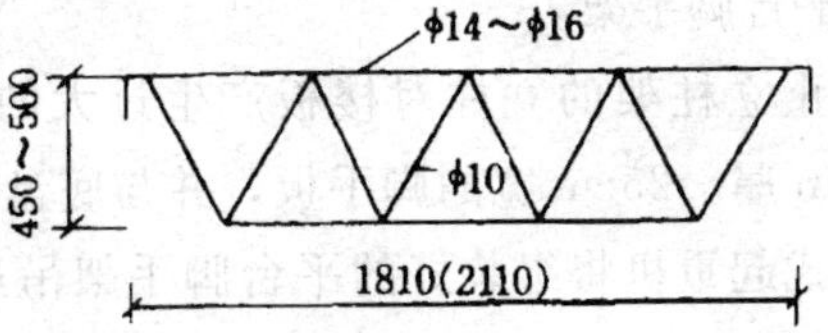

图 5－4　横向桁架

5. 三角挂架：三角挂架供砌筑人员在其上操作用，可用直径为 14～16mm 的钢筋焊成。三角挂架的下端有竖向插销，上端有直角弯钩，用以分别插入立柱的套管中，从而固定三角挂架。

三角挂架的高度为 0.6m，宽度有 0.5m 或 0.7m 两种，如图 5－5 所示。

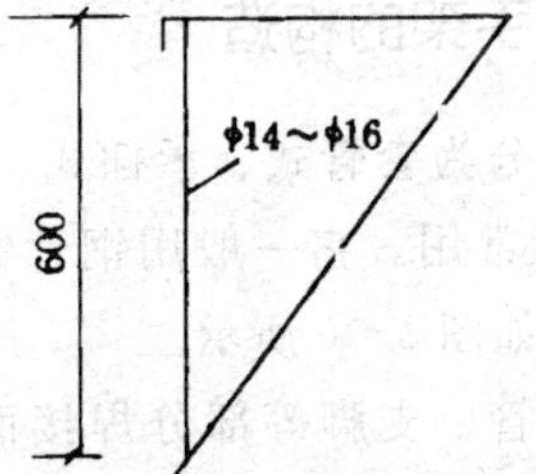

图 5－5　三角挂架

三角挂架上铺脚手板，供砌筑人员操作和放置施工材料。

二、组合式平台脚手架的组装

组合式平台脚手架的组装要点为：

1. 首先由两人各扶正一榀立柱架，第三人把联系桁架搬起，将联系桁架上端弯钩挂在立柱架的套管中，从而固定立柱架，形成一个长方形的空间框架。

2. 将横向桁架搁在联系桁架的节点上，再在上面铺绑平台脚手板，即成平台脚手架。

3. 为了防止立柱架的立柱对楼板产生过大的集中荷载，应在底盘下垫 5cm 厚、25cm 宽的脚手板，并与底盘钉绑牢固。

4. 使用塔式起重机将组装好的平台脚手架吊运到作业地点。吊运时，吊钩应挂在四角立柱架的套管内，起吊要慢，待四角钢丝绳拉紧后暂停，检查吊钩的位置是否正确牢固，如不牢应落钩重新挂好再起吊。

第二节　支柱式脚手架的搭设

一、支柱式脚手架的构造

支柱式脚手架可分为套管式、承插式、梯柱式等几种形式，其中套管式脚手架最常用。它一般用钢管制成，主要杆件有支柱、横杆、托架等。如图 5－6 所示。

支柱由套管、插管、支脚等部分焊接而成。套管外径多为 50mm，插管外径为 45mm，管壁上留有销孔，插管插入套管中，利用插销插入位置的不同，可调整支柱的高度。插管的顶部焊有“U”形叉托，用来搁置横杆。支脚一般用直径为 18mm 的钢筋焊成，每根支腿底部焊一小块铁垫板，以增加支腿的接触面，支柱架的高度可在 1.5～2.1m 之间调节。

横杆一般用直径不小于 32mm 的钢管。

支柱式钢管支柱架的形式较多，常用的还有承插式钢管支柱

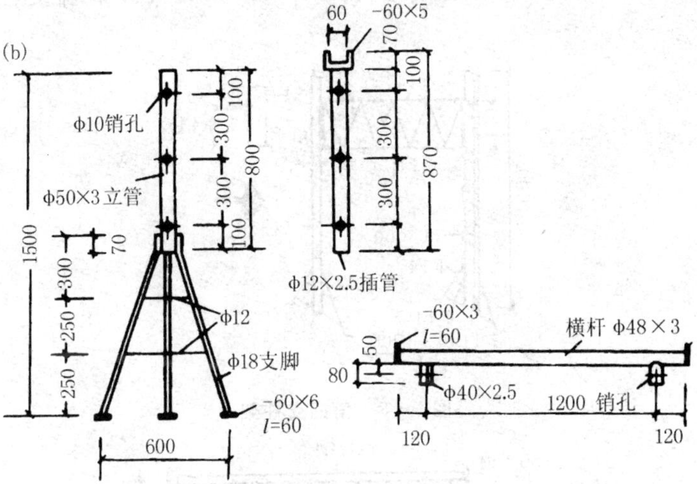

图 5－6　支柱式内脚手架

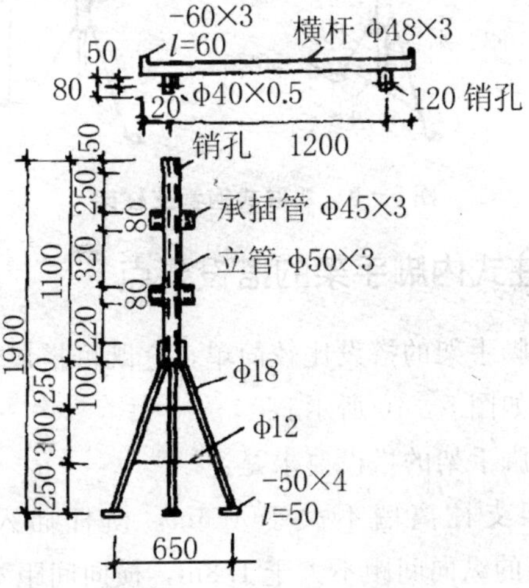

图 5－7　承插式钢管支柱架

架（图 5－7），角钢支柱架（图 5－8），双联式钢管支柱架（图5－9）。

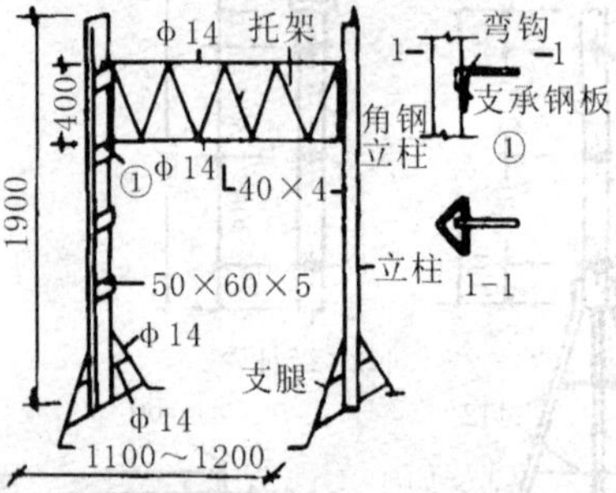

图 5－8 角钢支柱架

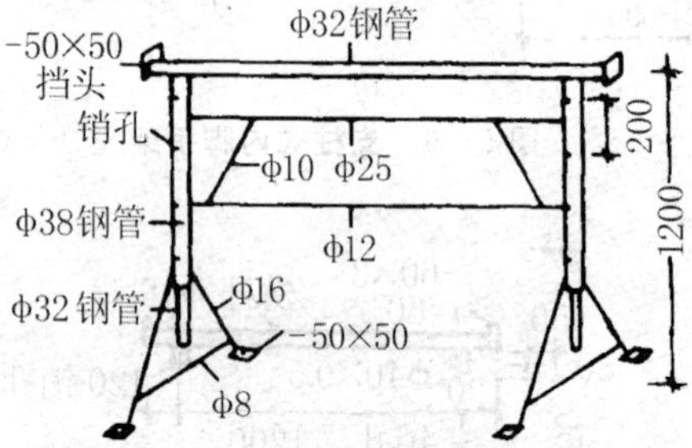

图 5－9 双联式钢管支柱架

二、支柱式内脚手架的搭设要点

支柱式内脚手架的搭设比较简单，它既可搭成双排架，也可搭成单排架。如图 5－10 所示。

支柱式内脚手架的搭设要求是：

1. 单排架支柱离墙不大于 1.5m，横杆插入墙面不小于 24cm。双排架的纵向间距不大于 1.8m，横向间距不大于 1.5m。

2. 无论单排架或双排架，其横杆（或托架）都应与墙面垂直，脚手板铺于横杆或托架上，并与横杆或托架绑扎牢固。

3. 脚手架第一步搭 1.2m 高，随着操作的需要可将横杆或托架再升高，当升高到 1.6m 时，必须另加斜撑撑住，并用 8# 铁丝绑扎牢固。

4. 支柱式内脚手架在使用过程中应避免摔抛，以免变形、脱焊。凡有开裂、变形、摔裂的情况不得使用。

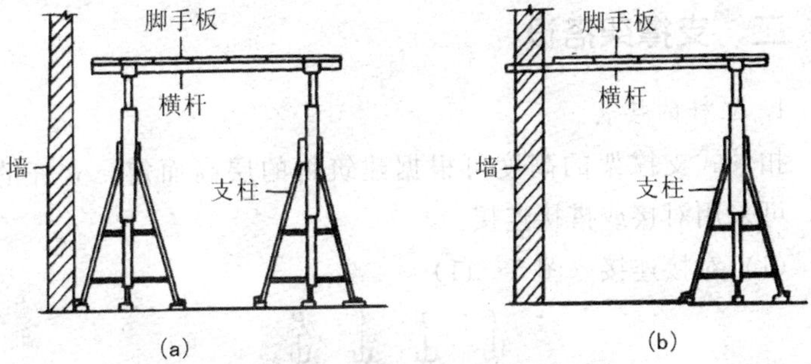

图 5—10 支柱式内脚手架的搭设

(a) 双排架 (b) 单排架

第三节 满堂脚手架的搭设

满堂脚手架多用于现浇混凝土模板支撑的负荷架子，承受模板、钢筋、新浇筑的混凝土和施工作业时的人员、工具等的重量，其作用是保证模板的形状和位置准确。用来搭设支撑架的材料种类很多。其中扣件式钢管支撑架使用较为普遍。

一、施工准备

1. 支撑架搭设的准备工作

场地清理平整、定位放线、底座安放等均与脚手架搭设时相同。

2. 立杆布置

扣件式钢管支撑架立杆间距应通过计算确定。通常取1.2～1.5m，不得大于1.8m。对较复杂的工程，须根据建筑结构的主梁、次梁、板的布置，模板的配板设计、装拆方式，纵、横楞的安排等情况，画出支撑架立杆的布置图。

二、支撑架搭设

1. 立杆的接长

扣件式支撑架的高度可根据建筑物的层高而定。立杆的接口，可采用对接或搭接连接。

(1) 对接连接（图5—11）

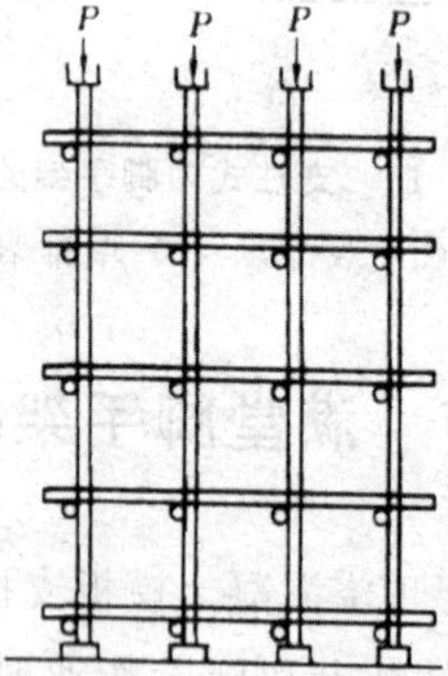

图5—11　立杆对接连接

支撑架立杆采用对接扣件连接时，在立杆的顶端安插一个顶托，被支撑的模板荷载通过顶托直接作用在立杆上。

特点：荷载偏心小，受力性能好，能充分发挥钢管的承载力。通过调节可调底座或可调顶托，可在一定范围内调整立杆总高度。

(2) 搭接连接（图 5—12）

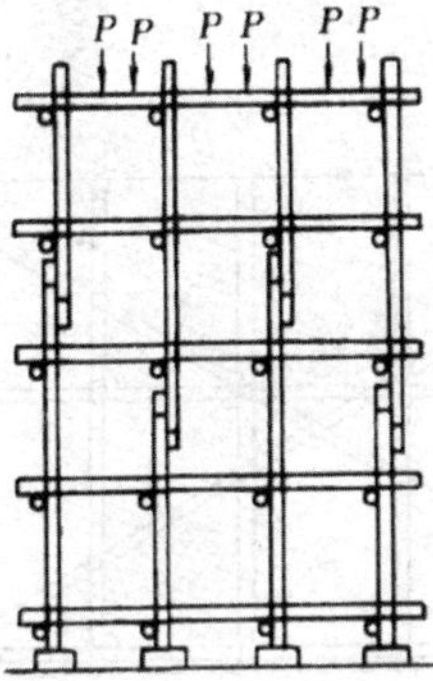

图 5—12　**立杆搭接连接**

采用回转扣件搭接长度不得小于 600mm。模板上的荷载作用在支撑架顶层的横杆上，再通过扣件传到立杆。

特点：荷载偏心大，且靠扣件传递，受力性能差，钢管的承载力得不到充分发挥。但调整立杆的总高度比较容易。

2. 水平拉结杆设置

为加强扣件式支撑架的整体稳定性，在支撑架立杆之间纵、横两个方向均必须设置扫地杆和水平拉结杆。

各水平拉结杆的间距（步高）一般不大于 1.6m。

3. 斜杆设置

为保证支撑架的整体稳定性，在设置纵、横向水平拉结杆同时，还必须设置斜杆，具体搭设时可采用刚性斜撑或柔性斜撑。

(1) 刚性斜撑：

刚性斜撑以钢管为斜撑，用扣件将它们与支撑架中的立杆和水平杆连接（图 5—13）。

(2) 柔性斜撑：

柔性斜撑采用钢筋、铅丝、铁链等材料，必须交叉布置，并且每根拉杆中均要设置花篮螺丝（图5—14），以保证拉杆不松弛。

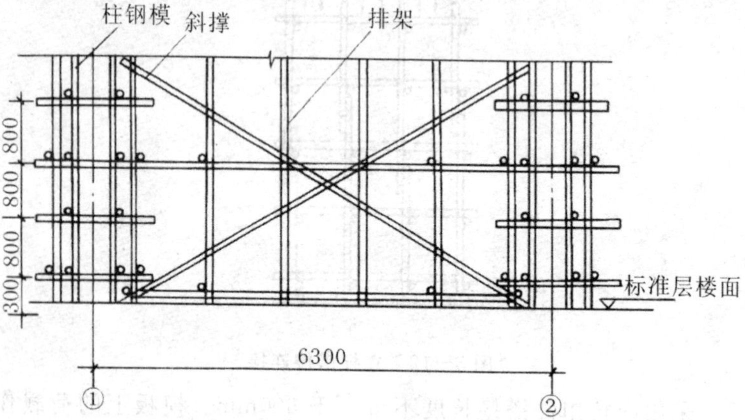

图5—13 刚性斜撑

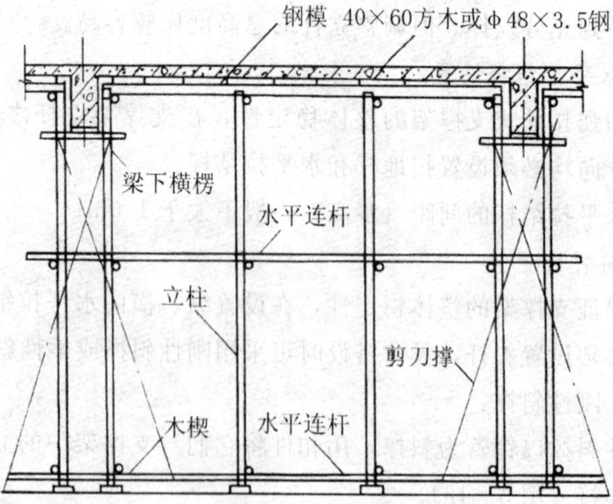

图5—14 柔性斜撑

思 考 题

1. 组合式平台脚手架是由哪些杆件组装而成的?

2. 支柱式里脚手架有哪些形式?

3. 支柱式里脚手架的搭设要求有哪些?

4. 组合式平台脚手架的横向桁架有哪些要求?

5. 满堂脚手架立杆的接长方法有几种?

6. 满堂脚手架斜杆的设置有几种?

第六章　安全网的搭设

第一节　安全网支架的搭设

在大板结构施工中，山墙板处可采用抱角式悬挑支架搭设安全网，该设备由抱脚支架、抱脚支架固定器和侧墙支撑器等三部分组成。

1. 抱角支架：在建筑物的每个转角处安装一台抱角支架，用来支撑安全网，如图 6－1 所示。

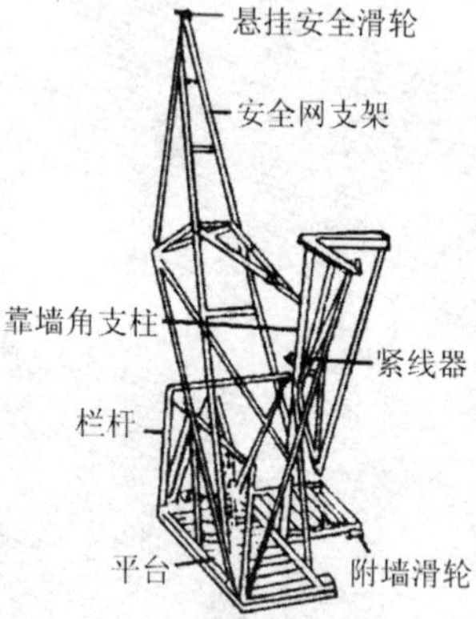

图 6－1

2. 抱角支架固定器：每个抱角支架需要两个固定器分别卡在转角处两外墙窗口的墙上，再用两根钢丝绳分别拉住抱角支架支柱的上、下两端，使抱角支架悬挂在建筑物的墙角处，如图

6－2所示。

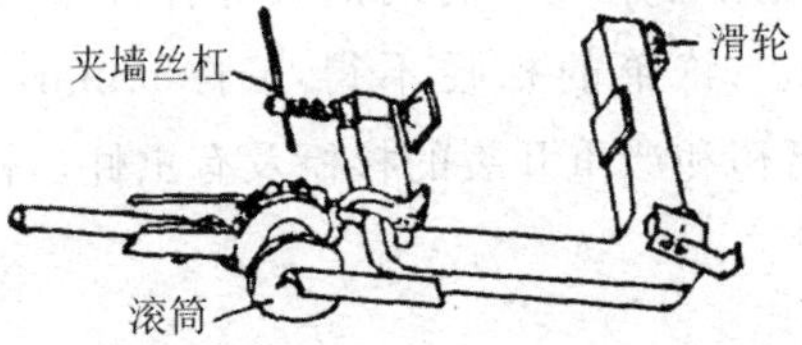

图 6－2

3. 侧墙支撑器：为了防止安全网过长而发生下垂现象，利用外窗口固定侧墙支撑器将安全网撑起来，如图 6－3 所示。

4. 屋面防护卡具：在屋面施工时，可用屋面防护卡具卡在檐口板前缘，其间距为 1～1.5m，安全网就挂在卡具的立杆上。

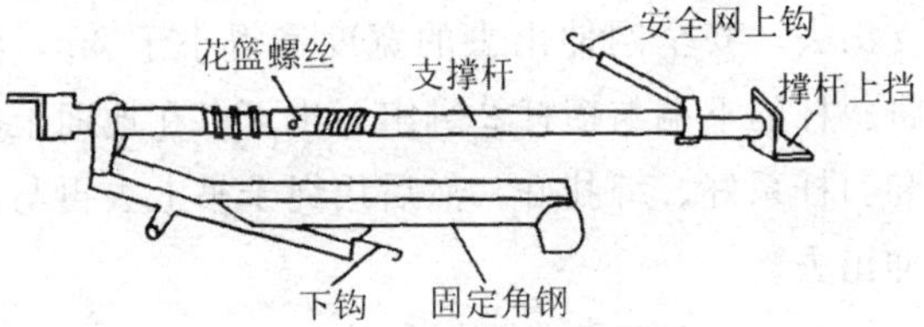

图 6－3

第二节　安全网的张挂

里脚手架施工时，必须沿建筑物四周设置安全网，并要随楼层增高而升高。多层和高层外脚手架也要搭设安全网，以确保施工安全。

一、支搭安全网的材料要求

1. 安全网是用直径 9mm 的麻绳、棕绳或尼龙绳编制而成的，一般规格为 3m、6m，网眼为 50mm，凡有霉烂、腐朽、漏洞孔的均不得使用，安全网的承载力应不小于 $1600N/m^2$。

2. 安全网可用竹竿、杉槁或钢管等杆件架设。杉槁的梢径不得小于 70mm，竹竿的梢径不得小于 80mm，钢管用 ϕ48×3.5mm。凡有腐朽和严重开裂的杉槁及有虫蛀、枯脆、劈裂的竹竿均禁止使用。

二、支搭安全网的操作要点：

1. 支搭安全网至少需要 4 人配合操作。如图 6－4 所示，其搭设方法是：当有窗口时，可先在窗口里、外侧各绑一道横杆，然后由两人从下一层窗口处将斜杆绑牢，并将安全网外侧系在外横杆上。然后再将安全网里侧系在内横杆上，最后上下呼应将安全网斜向支出去。安全网伸出去的宽度不得小于 2m，符合支出宽度后，将斜杆的下端与横杆 2 绑牢。也可以在地面上将安全网与外横杆和斜杆系好、绑扎好，然后用绳子吊上去再与内横杆绑扎后斜向伸出去。

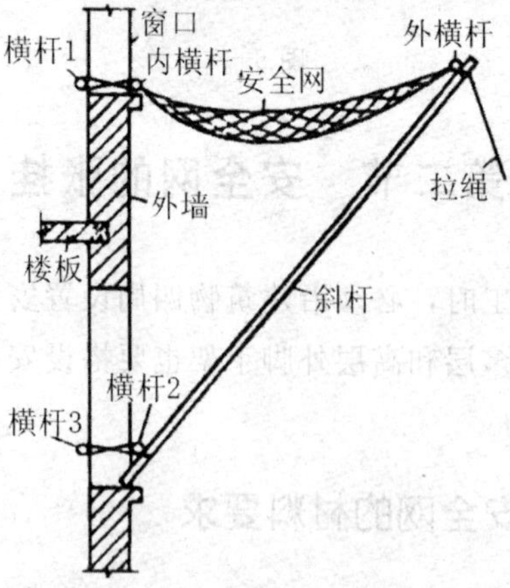

图 6－4　木、竹、钢管杆件搭设的安全网

在无窗口的山墙上，可在墙角设立杆来挂设安全网，或在墙体内预埋钢筋环以支插斜杆，还可以用短钢管穿墙用回转扣件来支设斜杆。如图 6－5 所示。

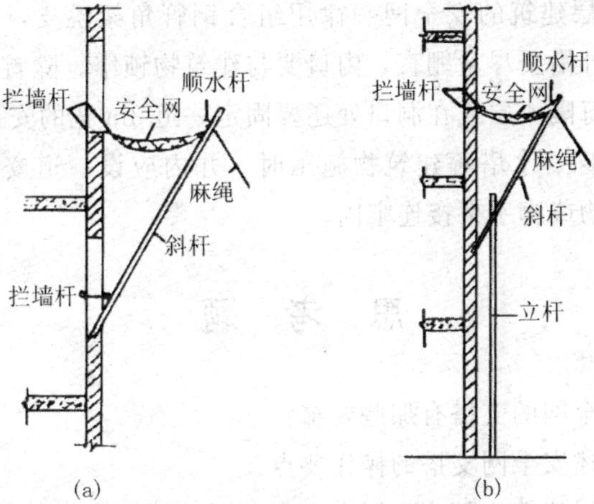

图 6－5

2. 斜杆伸出的高度比里口高 600－800mm，在每根斜杆顶端系一根绳子与地面上的锚桩系牢，使安全网展开有力。

3. 安全网的里口要尽量靠近墙面，空隙不得大于 150mm。两块安全网之间要搭接牢固，不得有空隙。转角处的安全网要相互拉紧并且相互绑牢。

三、安全网的支搭要求

1. 4m 以上的在施工程，必须随施工层支 3m 宽的安全网，在首层必须固定一道 3～6m 宽的双层安全网，首层安全网距地面的高度，水平 3m 宽时不得小于 3m，水平 6m 宽时不得小于 5m。安全网的外口要高于里口 600—800mm。

2. 每个系点上，边绳应与支撑物靠紧，系点均匀，距离不大于 750mm，且应牢固，不容易解开或轻易松脱。

3. 多种网连接使用时，相邻部分应靠紧或重叠，连接绳的材料和破断力应与网绳相同。

4. 高层建筑的安全网一律用组合钢管角架挑支，用钢丝绳绷挂，其外沿要尽量绷直，内口要与建筑物锁牢。除首层固定安全网外，每隔 4 层或在洞口处还要固定一道 3m 宽的安全网。

5. 烟囱、水塔等建筑物施工时，井内应设一道安全网，并要与建筑物或脚手架接连牢固。

思 考 题

1. 安全网的支搭有那些要求？

2. 简述安全网支搭的操作要点。

3. 高层建筑应随施工层搭设安全网，其具体要求有哪些？

4. 大板结构主体施工时，山墙处采用抱角式悬挑支架搭设安全网，该设备由哪些部分组成？

第七章　施工安全知识

第一节　一般知识

一、安全法规常识

1. 工人上岗前要与用工单位签订劳动合同，保障自己的合法权益。

2. 新入场的劳动工人必须进行上岗前的“三级”安全教育，即：公司教育、项目教育、班组教育。

3. 特种作业人员必须经过专业安全培训，取得特种作业资格证书后持证上岗。

4. 发生事故要立即向上级主管部门报告，不得隐瞒。

二、劳动保护常识

1. 正确佩戴安全帽，必须注意安全帽帽壳与帽衬不能紧贴，应有一定的空隙，佩戴时必须系紧下颚带，起到对头部的保护作用。

2. 凡直接从事带电作业的劳动者，必须穿绝缘鞋，戴绝缘手套，防止发生触电事故。

三、高空作业安全常识

1. 从事高空作业人员必须经过专门培训，经考试合格后，持证上岗。高空作业人员两眼视力不低于1.0，无色盲，无听觉障碍，无高血压、心脏病、癫痫、眩晕和突发性昏厥等疾病和妨碍登高架设作业的生理缺陷。高空作业人员要定期体检，对不符合高处作业条件的人员，调换其他工作。

2. 正确使用防护用品，进入现场必须戴安全帽，在没有防护措施的高处、悬崖、陡坡施工时必须系安全带，无处系安全带时，必须加设安全拉绳或安全扶手等措施。高空作业衣着要灵便，禁止赤脚、穿硬底鞋、拖鞋和带钉易滑鞋从事高空作业。

3. 高空作业人员应具备工具袋，使用的工具要放在工具袋内，材料或其他工具应传递，严禁抛掷。

4. 在恶劣的气候条件下（大雨、大风、大雾）禁止从事高空作业。暴风雨前后，对脚手架、起重提升设备进行整体检查，发现倾斜、变形、下沉等现象及时修理加固，有危险时必须排除才能使用。

5. 作业人员在进行上下立体交叉作业时，不得在上下垂直面上作业。下层作业位置必须处于上层作业物体可能坠落的范围以外；当不能满足时，上下层之间应设隔离防护层，下方人员必须戴安全帽。

四、垂直运输设备安全常识

使用龙门架、井架运散料应装箱或装笼；运长料时不得超出吊篮；在吊篮内放置时，应捆绑紧，防止坠落。严禁乘坐龙门架、井架上下楼层，要走楼梯、专用斜道或载客电梯上下。

五、临时用电安全常识

1. 现场临电线路采用三相五线制。用电设备做到一机一闸，一漏一箱。

施工现场的每台用电设备都应该有自己专用的开关箱，箱内刀闸（开关）及漏电保护器只能控制一台设备，不能同时控制两台或两台以上的设备，否则容易发生误操作事故。

2. 电器设备和线路必须绝缘良好。

施工现场所有电器设备和线路必须绝缘良好，接头不准裸露。当发生有裸露或破皮漏电时，应及时报告，不得擅自处理以免发生触电事故。

3. 电动机械设备的检查：

现场的电动机械设备包括：电锯、电钻、卷扬机、搅拌机、钢筋切割机、钢筋拉伸机等。为确保运行的安全，作业前必须按规定进行检查，试运行；作业完，拉闸断电，锁好电闸箱。防止发生意外安全事故。

4. 施工现场安全电压照明：

施工现场室内的照明线路与灯具的安装高度低于2.4m时，应采用36V安全电压。

施工现场使用的手持照明灯必须有防护罩，电压应采用36V安全电压。在36V电线上也严禁乱搭乱挂。

第二节 安全技术

一、重视安全，严格执行操作规程

1. 外脚手架的搭设与拆除作业很容易发生各类人身伤亡事故。但只要所有操作人员能够做到在作业中思想集中，认真对待，严格遵守安全操作规程，采取必要的有效技术措施，就完全能够确保作业的安全。

2. 脚手架的材料规格、支搭标准要严格执行有关规定，保证脚手架结构牢固稳定。

3. 搭拆脚手架时，必须戴安全帽、系安全带、穿软底鞋。袖口及裤口要扎紧。工具及小零件要放在工具袋内。凡患有不符合高处作业疾病的人员不能上脚手架上操作。严禁违章作业。

4. 脚手架要配合工程进度进行搭设，不宜一次搭的过高。在搭设过程中，所有操作人员要思想集中，听从统一指挥、互相协作、上下呼应、禁止在脚手架上说笑打闹。材料、工具不得乱扔、乱抛，在吊运的下方不得站人。

二、脚手架的安全防护

1. 在施工期间，使用 2m 以上的外架子时，要设挡脚板和两道护身栏或立挂安全网。使用插口架子、桥式架子、外挑架子、金属挂架、滑升架子的安全网高度要经常保持在作业面的 1m 以下。脚手架的排木要绑扎牢固，脚手板要铺平、铺严。脚手架与建筑物的间隙不得大于 150mm。升降桥式架子的平台时，两端要挂保险绳，操作人员要挂安全带，桥架下不得站人。

2. 里脚手架、活动平台架、大模板平台和楼梯间的顶层架子，要铺严脚手板。满堂架子的高度在 6m 以下时，脚手板可花铺，但间隙不得大于 200mm，板头要绑牢；高度在 6m 以上时，必须铺严脚手板。吊装梁柱的脚手板宽度不得小于 600mm，两侧必须绑扎两道护栏，满铺脚手板。

3. 建筑物顶部施工的防护架子要高于坡屋面挑檐板 1.5m，高于平屋面女儿墙顶 1m。高出部分要绑两道护栏并立挂安全网，靠近临街和靠近民房的人行通道处要支搭防护棚或其他防护措施。

4. 井字架、龙门架、外用电梯、自立式高车架等起重架的吊笼两侧要有严密的铁网罩，进料口要有活动的开关门，天轮应至少高于建筑物 6m，并在滑道上距顶 4m 处加设卷扬限位器。各层卸料平台应有栏杆，其两侧应有高 1.2m 的防护栏板或至少绑扎两道护身栏，一道挡脚板。首层进料口要支搭防护。高车架天轮加油处应设爬梯、平台，并铺脚手板绑牢。加绑护栏。

5. 外装修用的吊篮、挂架、活动小车和挑架子等要在靠墙内侧绑护栏和挡脚板，其他三面立挂安全网，铺严固定脚手板。凡是悬挑的活动架子和其他能升降的架子必须有保险绳、保险卡具或其他防止脱钩坠落的安全装置。必须指定专人升降脚手架，严禁擅自拆改脚手架的防护设施。

6. 在施工中，架子里皮遇到大窗口和较宽伸缩缝或其他洞口时，要在危险部位绑扎两道护栏和一道挡脚板。

三、脚手架的管理要求

1. 各种脚手架在投入使用前，必须由施工负责人组织支搭和使用脚手架的负责人员及安全员共同检查，履行交验手续。

2. 使用新型的或自制工具式的或金属脚手架时，必须有出厂合格证及组装使用说明，经上一级技术部门鉴定、审批同意后，方可使用。

3. 特殊脚手架在支搭、拆装前，要由技术部门编制安全施工方案并报上一级技术领导审批后，由施工负责人向生产班组贯彻，按批准方案执行，如欲改动方案必须经原审批领导批准。

4. 各种脚手架在使用过程中要经常检查，特别是在大风雨或冰雪解冻后，或停工一段时间又重新使用，必须经过全面检查、鉴定、修理，无误后方可使用。

5. 组合脚手架使用前要试压。试压时在每个桁架上堆放 800 块砖，4 个小时后检查脚手架各部分有无变化，如果没有变化，卸砖至正常使用要求，即可交付使用。

6. 外架子的承载能力，通常情况下，均布荷载不得超过2700Pa，集中荷载不得超过1500Pa。如发现超载使用必须及时制止。

思 考 题

1. 高处作业应注意哪些问题？
2. 现场临时用电安全常识有哪些？
3. 简述脚手架的管理要求。
4. 脚手架的安全防护有哪些内容？
5. 立体交叉作业时，应采取哪些安全防护措施？
6. 对高空作业人员有什么要求与规定？

附　录

钢丝绳尺寸换算表

英　　寸（分数）	英　　寸（小数）	我国习惯称呼	mm
1/16	0.0625	半分	1.5875
1/8	0.1250	一分	3.1750
3/16	0.1875	一分半	4.7625
1/4	0.2500	二分	6.3500
5/16	0.3125	二分半	7.9375
3/8	0.3750	三分	9.5250
7/16	0.4375	三分半	11.1125
1/2	0.5000	四分	12.7000
9/16	0.5625	四分半	14.2875
5/8	0.6250	五分	15.8750
11/16	0.6875	五分半	17.4652
3/4	0.7500	六分	19.0500
13/16	0.8125	六分半	20.6375
7/8	0.8750	七分	22.2250
15/16	0.9375	七分半	23.8125
1	1.0000	英寸	25.4000